飞机电气标准线路施工

主编 ◎ 皮磊　宋烨　陈军乐
副主编 ◎ 张雪涛　龙波　陆龙福

湘潭大学出版社
XIANGTAN UNIVERSITY PRESS

图书在版编目（CIP）数据

飞机电气标准线路施工 / 皮磊，宋烨，陈军乐主编．
湘潭 ：湘潭大学出版社，2024. 10. -- ISBN 978-7
-5687-1567-6
Ⅰ. V242
中国国家版本馆 CIP 数据核字第 2024ZG0787 号

飞机电气标准线路施工

FEIJI DIANQI BIAOZHUN XIANLU SHIGONG

皮磊 宋烨 陈军乐 主编

责任编辑： 罗 联
封面设计： 夏茜旸
出版发行： 湘潭大学出版社
社　　址： 湖南省湘潭大学工程训练大楼
电　　话： 0731-58298960 0731-58298966（传真）
邮　　编： 411105
网　　址： http://press.xtu.edu.cn/
印　　刷： 长沙鸿和印务有限公司
经　　销： 湖南省新华书店
开　　本： 787 mm×1092 mm 1/16
印　　张： 10.5
字　　数： 236 千字
版　　次： 2024 年 10 月第 1 版
印　　次： 2024 年 10 月第 1 次印刷
书　　号： ISBN 978-7-5687-1567-6
定　　价： 68.00 元

前　言

本书根据全国职业院校技能大赛飞机发动机拆装调试与维修赛项规程以及飞机制造与维修专业大类对飞机电气线路标准施工的具体要求，通过产教融合、校际合作的方式，与行业企业专家在充分调研与论证的基础上，坚持以立德树人为宗旨，遵循“以赛促教，以赛促学，以赛促改，岗课赛证合一，知识、技能、素养三维一体”的教育教学理念编著而成。

本书针对飞机电气标准线路施工的主要内容，开发了飞机电气标准线路施工的整体认知、导线与导线束的修理、飞机电气连接器的施工和标准线路施工案例分析等4个项目，包括外场和车间的安全防护、飞机维修手册（WDM、SWPM）和工卡的正确使用、飞机线路图识别、常用工具和量具的使用、常用电子电气测试设备的使用、静电敏感元器件/部件的防护、线路标准施工等内容，配套了WDM的认知与查询、SWPM的认知与查询、飞机导线绝缘层的修理、飞机导线芯线的修理、飞机屏蔽地线的制作与修理、飞机导线束的捆扎与敷设、接线片的制作、接地桩的装配与测量、航空插头的制作与修理、邦迪块的拆装、接地块的拆装等技能训练工卡，将“三敬”（敬畏生命、敬畏规章、敬畏职责）、“零容忍”（安全隐患零容忍）、“四个意识”（规章意识、红线意识、风险意识、举手意识）、“五个到位”（准备到位、施工到位、测试到位、收尾到位、交接到位）等职业素养有机融入教学内容。

本书可作为高等职业院校飞机制造与维修专业大类教材，也可作为本科院校相关专业、航空运输企业维修基地技术人员和生产一线员工的参考书。

本书由贵州航空职业技术学院皮磊、长沙航空职业技术学院宋烨和湖南中伟航空科技有限公司陈军乐负责规划整理和统稿。其中，皮磊编写了项目1等内容，宋烨编写了项目3并设计制作了所有技能训练工卡，陈军乐编写了项目4并审阅了全书，提出了许多宝贵的意见和建议。贵州航空职业技术学院张雪涛、龙波、陆龙福共同编写了项目2。编写过程中大量参考引用了国内外飞机制造、修理企业的技术资料和学者的文献，在此一并致谢。

本书选取的内容、工具、方法、工艺、材料等全部严格参照当前国内外广泛营运的波音系列飞机的维修手册，为了确保其强制性、规范性、特殊性的要求，大量图片仍然保留了波音系列飞机WDM、SWPM手册的原貌，部分非国际单位制单位（如ft、in等）沿袭了手册中原有的标注方式，同时列出了相应的换算方法。另外，手册中相关内容的编排因手册的版本不同而有所出入，但查询的内容、方式和手段是相同的。

因编者水平有限，不妥之处在所难免，欢迎广大读者提出宝贵意见，以便再版时修正完善。

编　者

2024年8月

目录 CONTENTS

项目1　飞机电气标准线路施工的整体认知 …… 1

1.1　WDM的认知 …… 1

1.1.1　WDM 91简介 …… 1

1.1.2　设备清单 …… 5

1.1.3　跳开关清单 …… 8

1.1.4　脱开支架清单 …… 8

1.1.5　导线清单 …… 9

1.1.6　接地清单 …… 13

1.1.7　导线接线管清单 …… 13

1.1.8　接线片清单 …… 14

1.1.9　连接清单 …… 15

1.2　SWPM的认知与使用 …… 16

1.2.1　SWPM结构及相关概念的认知 …… 16

1.2.2　SWPM主要内容的认知与使用 …… 18

1.3　安全施工的认知 …… 34

1.3.1　安全施工内容 …… 34

1.3.2　燃油蒸汽水平 …… 35

1.3.3　防火安全 …… 35

1.3.4　加热枪、电焊枪、烙铁的安全使用 …… 35

1.4 维修规范的认知 …… 36
1.4.1 维修作风 …… 36
1.4.2 行为规范 …… 37
1.4.3 安全意识 …… 38
1.4.4 现场工作守则 …… 38
1.5 技能训练 …… 40
1.5.1 WDM 的认知与查询 …… 40
1.5.2 SWPM 的认知与查询 …… 42

项目 2 导线与导线束的修理 …… 56

2.1 导线与导线束的认知 …… 56
2.1.1 导线的种类 …… 56
2.1.2 导线的尺寸 …… 56
2.1.3 导线绝缘材料 …… 58
2.1.4 导线的降压 …… 58
2.1.5 导线的选择 …… 59
2.1.6 导线与导线束的识别 …… 59
2.2 导线与导线束终端的施工 …… 62
2.2.1 导线绝缘层的剥除 …… 62
2.2.2 导线束的捆扎 …… 64
2.2.3 电气导线的安装 …… 68
2.2.4 接线片的制作 …… 78
2.2.5 导线的修理 …… 87
2.2.6 屏蔽导线的接地处理 …… 95
2.3 技能训练 …… 105
2.3.1 飞机导线绝缘层的修理 …… 105
2.3.2 飞机导线芯线的修理 …… 107
2.3.3 飞机屏蔽地线的制作与修理 …… 109
2.3.4 飞机导线束的捆扎与敷设 …… 111

2.3.5 接线片的制作 …… 114
2.3.6 接地桩的装配与测量 …… 116

项目 3 飞机电气连接器的施工 …… 119

3.1 电气连接器的整体描述 …… 119
3.1.1 插头插座的种类 …… 119
3.1.2 电气插头的清洁 …… 119
3.1.3 插头的结构说明 …… 119
3.1.4 MIL-C-26500 系列插头插座 …… 119
3.2 常用工具及其使用 …… 122
3.2.1 压线工具 …… 122
3.2.2 夹线工具 …… 123
3.2.3 M22520/1-05 万能定位头 …… 124
3.2.4 M22520/3-1 检查标准尺 …… 124
3.2.5 SK2/2 万能定位头 …… 125
3.2.6 波音 ST2220 压线钳 …… 125
3.2.7 插钉检验工具 …… 126
3.2.8 插钉拆卸工具 …… 127
3.2.9 插钉安装工具 …… 127
3.2.10 后退式插钉的拆装 …… 128
3.2.11 镊子型插钉拆装工具 …… 129
3.3 插头插座的施工 …… 130
3.3.1 插头插座施工章节的查询 …… 130
3.3.2 插头的查询和施工 …… 131
3.3.3 插头插座的施工实例 …… 135
3.4 技能训练 …… 138
3.4.1 航空插头的制作与修理 …… 138
3.4.2 邦迪块的拆装 …… 141
3.4.3 接地块的拆装 …… 143

项目 4　标准线路施工案例分析 …… 145

案例 1 …… 145

案例 2 …… 153

参考文献 …… 159

项目 1　飞机电气标准线路施工的整体认知

1. 1　WDM 的认知

线路图手册 WDM（Wiring Diagram Manual）详细描述了飞机上的导线连接，用来排除与导线相关的故障。

1. 1. 1　WDM 91 简介

WDM 91 分为图表和清单两大部分。图表包括飞机站位布局、线路区域、主线束走向、面板及设备架位置、跳开关面板图、脱开支架图和主线束信息几个部分。清单包括设备清单、跳开关清单、脱开支架清单、导线清单、接地清单、导线接线管清单、接线片清单和连接清单几个部分。

有关设备组件和架子的位置及常用略图布局编号分别为：

91-00-01～91-00-99 表示主线束略图。

91-01-01～91-01-99 表示常用位置略图。

91-02-00～91-02-00 表示断路器清单。

91-02-01～91-02-99、91-05-01～91-05-99 和 91-07-01～91-19-99 备用。

91-03-01～91-03-99 表示架/板插座接线和脱开略图。

91-04-00～91-04-00 表示脱开支架清单。

91-04-01～91-04-99 表示脱开支架和略图。

91-06-01～91-06-99 表示无源自动着陆系统方块图。

清单详细内容如表 1-1～表 1-3 所示。

表 1-1 清单详细内容

章节	目录	具体内容
91-00		
91-00-01	WIRE BUNDLE MASTER-ELECTRONIC	主导线束-电子
91-00-02	WIRE BUNDLE MASTER-ELECTRICAL	主导线束-电气
91-01		
91-01-01	ANTENNA LOCATIONS	天线位置
91-01-02	MAJOR RACEWAYS-300	主线槽-300
91-01-03	PANEL LOCATIONS	面板位置
91-01-04	SHELF LOCATIONS	支架位置
91-01-05	JUNCTION BOX LOCATIONS	接线盒位置
91-01-07	LOCATION OF DUAL GROUNDS INUNPRESSURIZED AREAS	非增压区的双重接地位置
91-01-08	INSTALLATION OF DUAL GROUNDS	双重接地的安装
91-02		
91-02-00	CIRCUIT BREAKER LIST	跳开关清单
91-03		
91-03-01	E1-1 ELECTRONIC SHELF	E1-1 电子设备架
91-03-02	E1-2 ELECTRONIC SHELF	E1-2 电子设备架
91-03-03	E1-3 ELECTRONIC SHELF	E1-3 电子设备架
91-03-04	E2-1 ELECTRONIC SHELF	E2-1 电子设备架
91-03-05	E2-2 ELECTRONIC SHELF	E2-2 电子设备架
91-03-06	E2-3 ELECTRONIC SHELF	E2-3 电子设备架
91-03-07	E2-4 ELECTRONIC SHELF	E2-4 电子设备架
91-03-08	E3-1 ELECTRICAL SHELF	E3-1 电子设备架
91-03-09	E3-2 ELECTRICAL SHELF	E3-2 电子电子设备架
91-03-10	E3-3 ELECTRICAL SHELF	E3-3 电子设备架
91-03-11	E3-4 ELECTRONIC SHELF	E3-4 电子设备架
91-03-12	P1 CAPTAINS INSTRUMENT PANEL	P1 正驾驶仪表板
91-03-13	P2 CENTER INSTRUMENT PANEL	P2 中央仪表板
91-03-14	P3 FIRST OFFICERS INSTRUMENT PANEL	P3 副驾驶仪表板
91-03-15	P5 FORWARD OVERHEAD PANEL	P5 前顶板

续表

章节	目录	具体内容
91-03-16	P5 AFT OVERHEAD PANEL AND DISCONNECT PANELS	P5 后顶板和脱开面板
91-03-17	P6 MAIN BREAKER PANEL LAYOUT AND TERMINAL STRIPS	P6 主跳开关面板布局和接线条
91-03-18	P6-1 PANEL	P6-1 板
91-03-19	P6-2 PANEL	P6-2 板
91-03-20	P6-3 PANEL	P6-3 板
91-03-21	P6-4 PANEL	P6-4 板
91-03-22	P6-5 AND P6-6 PANELS	P6-5 和 P6-6 板
91-03-23	P6-11 AND P6-12 PANELS	P6-11 和 P6-12 板
91-03-24	P6 EQUIPMENT	P6 设备
91-03-25	P18 LOAD CONTROL CENTER-LEFT，PANEL LAYOUT AND TERMINAL STRIP	P18 左侧负载控制中心面板布局和接线条
91-03-26	P18-1 AND P18-2 PANELS	P18-1 和 P18-2 板
91-03-27	P18-3，P18-4 AND P18-5 PANELS	P18-3、P18-4 和 P18-5 板
91-03-29	P8 AND P9 FORWARD AND AFT ELECTRONIC PANELS	P8 和 P9 前、后电子控制面板
91-03-34	E6-1 ELECTRONIC SHELF	E6-1 电子设备架
91-03-37	E3-5 ELECTRONIC SHELF	E3-5 电子设备架
91-04	DISCONNECT BRACKET LIST	脱开支架清单
91-04-00	BRACKET LIST	支架清单
91-04-01	DISCONNECT BRACKETS LOCATIONS	脱开支架位置
91-04-02	MAIN INTRUMENT PNL，AISLE CONTROL STAND AND E11 DISCONNECT BRACKETS	主仪表板，走廊控制板和 E11 脱开支架
91-04-03	P5，P6 AND P18 PANEL DISCONNECT BRACKET	P5、P6 和 P18 板脱开支架
91-04-04	E1 SHELF DISCONNECT BRACKETS	El 设备架脱开支架
91-04-05	E2 SHELF DISCONNECT BRACKETS	E2 设备架脱开支架
91-04-06	E3 SHELF DISCONNECT BRACKETS	E3 设备架脱开支架
91-04-07	PANEL DISCONNECT BRACKETS	面板脱开支架

续表

章节	目录	具体内容
91-04-08	MAIN WHEEL WELL, L&R WING AND ENGINE FIRE-WALL DISCONNECT BRACKETS	主轮舱,左右大翼和发动机防火墙脱开支架
91-04-09	AFT BODY AND E6 SHELF DISCONNECT BRACKETS	后机体和E6架脱开支架
91-04-10	AFT BODY AND E5 SHELF DISCONNECT BRACKETS	后机体和E5架脱开支架

表 1-2 各种系统布局

91-06	
91-06-01	SYSTEM BLOCK DIAGRAM FAIL-PASSIVE AUTOLAND A/P/FLT DIR
91-06-02	SYSTEM BLOCK DIAGRAM FAIL-PASSIVE AUTOLAND AUTOTHROTTLE
91-06-03	SYSTEM BLOCK DIAGRAM FAIL-PASSIVE AUTOLAND YAW DAMPER
91-06-04	SYS BLK DIAG FAIL-PASSIVE AUTOLAND “A” AND “B” CTL AIR DATA SYS
91-06-05	SYS BLK DIAG FAIL-PASSIVE AUTOLAND “A” AND “B” LOW RANGE RADIO ALTM
91-06-06	SYSTEM BLOCK DIAGRAM FAIL-PASSIVE AUTOLAND “A” AND “B” VHF NAV
91-06-07	SYSTEM BLOCK DIAGRAM FAIL-PASSIVE AUTOLAND “A” AND “B” COMPASS
91-06-08	SYS BLK DIAG FAIL-PASSIVE AUTOLAND “A” AND “B” ATTITUDE REFER-ENCE
91-06-09	SYSTEM BLOCK DJAGRAM FAIL-PIASSIVE AUTOLAND HYDRAULIC POWER
91-06-10	SYSTEM BLOCK DIAGRAM FAIL-PASSIVE AUTOLAND ELECTRONIC POWER
91-06-11	SYSTEM BLOCK DIAGRAM FAIL-PASSIVE AUTOLAND INERTIAL REF SYSTEM
91-06-12	SYSTEM BLOCK DJAGRAM FAIL-PASSIVE AUTOLAND FLT MGT SYSTEM

表 1-3 清单表

91-21	LISTS	具体内容
91-21-11	WIRE LIST	导线清单
91-21-21	GROUND LIST	接地清单
91-21-31	SPLICE LIST	导线接线管清单
91-21-41	TERMNIAL LIST	接线片清单
91-21-51	HOOK-UP LIST	连接清单

1.1.2　设备清单

在 WDM 内，电子电气设备用指定的字母数字符号来表示，简称设备号。在设备清单中，可通过设备号来找到与它们相对应的件号和件号描述，即通过设备号找件号，如图 1-1 所示。

Equip	Opt	Part Number Part Description	Used On Dwg Vendor	Qty	Diagram Station / WL / BL	Effectivity
D00042	1	BACC45FT14-12S PLUG-BATT CHARGER	 81205	1	24-31-11 E002-01/ /	ALL
D00042 T	1	BACC10JC14 CLAMP, 90 DEG	 81205	1	24-31-11 E002-01/ /	ALL
D00044	1	MS25182-2 PLUG-BATTERY	 96906	1	24-31-11 390/165/L008	ALL
D00046	1	BACC45FT14-4P PLUG-STATIC INVERT	 81205	1	24-34-11 E002-02/ /	ALL
D00046 T	1	BACC10JC14 CLAMP, 90 DEG	 81205	1	24-34-11 "/"/"	ALL
D00048		MS90362-3 RECP-EXT PWR AC	284A0807 88044	1	24-41-11 235/180/R028	ALL
D00057	1	795-15-9 PLUG - (C) STRAIGHT	 91836	1	34-32-11 610/143/0	ALL
D00062	1	BACC45FT12-3S PLUG-LEFT WINDSHIELD WIPER MOTOR	 81205	1	30-42-11 192/239/L012	ALL
D00064	1	BACC45FT12-3S PLUG-RIGHT WINDSHIELD WIPER MOTOR	 81205	1	30-42-11 189/239/R012	ALL
D00070	1	BACC63BP14D4SN PLUG-CONDUCTIVE CONNECTOR	 81205	1	28-23-11 IRSS 160/ /	ALL
D00070 T	1	BACC10KB14 CLAMP, 90 DEG	 81205	1	28-23-11 "/"/"	ALL
D00072	1	BACC63BP14D4SN PLUG	 81205	1	28-23-11 IFSS-121/ /	ALL
D00072 T	1	BACC10KC14 CLAMP, 45 DEG	 81205	1	28-23-11 "/"/"	ALL
D00074	1	BACC63BP14D4SN PLUG-CONDUCTIVE CONNECTOR	 81205	1	28-23-11 IRSS 145/ /	ALL
D00074 T	1	BACC10KB14 CLAMP, 90 DEG	 81205	1	28-23-11 "/"/"	ALL
D00076	1	BACC63BP14D4SN PLUG	 81205	1	28-23-11 IFSS 121/ /	ALL
D00076 T	1	BACC10KC14 CLAMP, 45 DEG	 81205	1	28-23-11 "/"/"	ALL

图 1-1　设备清单截图

在设备清单中不包括接线管、接地、终端和线束。

设备类型与代号的对应关系如表 1-4 所示。

表 1-4　设备类型与代号的对应关系

设备号	设备类型
A	防冰设备、除冰轮胎罩、防冰控制开关、皮托管加热器、防冰探测器、NESA 窗
B	黑匣子
C	电路开关、其他保护装置
D	插头
E	设备架
F	燃油系统

续表

设备号	设备类型
G	发电机
GD	接地-机身（GD）
J	接线盒
L	各种灯照明装置及灯组件
M	附件组件、天线及天线调节器、放大器及电池、镇流器组件、铃及谐音、计算机、电容、控制组件、方向陀螺、滤波器、磁通活门、扬声器、ILS设备架、卫生间组件、马达、泵、相位适配器、电源组件、接收机、选呼及选呼谐音、磁带录音机、发送机、垂直陀螺、水加热器、其他设备
N	指示器
P	面板
R	继电器、变阻器、电气电阻、整流器、电位差计
S	开关
SM	接线管（同一线束内）
SP	接线管（线束之间）
T	变压器、发送器、温度灯泡、接线条
TB	接线块
V	阀门
Y	航线可更换件

注意：任何设备均不用 W 作设备号。

（1）REV 修改情况说明。说明从前次颁发到目前增加的内容或修改过的内容。新增内容用“A”表示，修改内容用“R”表示。

（2）MOD 改装情况说明。

（3）EQUIP BOEING 设备号。在部件的实际安装位置上不显示设备号，只在图纸上显示。设备号以字母开头，由字母数字共同组成，最多包含 10 个字母数字，字母前面可能会有空格。

注意：9000-9999 和 90000-99999 的设备号是给客户预留的。

（4）OPT 选装说明。此区域表示是否可使用其他件号的设备。波音选装件此区域为空白或为 0 时，表示不允许有选择。此区域为 1 和 9 时，表明为第一选择，可以用另一个设备替换此设备。只要有一个可选件 1，则在对应的使用范围及设备号上至少还应出现另一个可选件 2。此区域为 2 和 8 时，表明为第二选择。此区域为 3 和 7 时，表明为第三选择。此区域为 4 和 6 时，表明为第四选择。

注意：对插头来说，如果写明有选件 1，表明可以更换。某项设备的各个不同可选件均应有不同的件号。

用户选装件只在服务通告上出现，或根据用户需要，在飞机出厂后需要写明可选件时使用。若可选代码是 9，且此设备没有其他可选件说明，则此设备没有其他件号更换。如另有一设备的可选件代码为 8 或更小（7、6 等），则此设备有可替换件号，最优选代码为 9 的设备，其次是 8、7 等。

（5）PART NUMBER 设备的件号。

（6）PRT DESCRIPTION 设备的名称。

（7）USED ON DWG 该部件所在的图纸。图纸包含该部件的详细安装情况，主要供波音公司使用。目的在于通过该图号把所有与此设备相关的图联系起来，便于产生整个飞机的整图。

（8）CH 20 REF 仅适用于接头，指明该接头在标准线路施工手册的章节号。

（9）VENDOR 供应商代码。生产此设备的厂商用代码表示。

（10）QTY 该部件在飞机上安装的个数。

（11）DIAGRAM 该部件所在的线路图章节号。

（12）STATION-WL-BL 部件的定位信息。STATION-WL-BL 为站位-水线-纵剖线。若部件位于或临近面板、设备架、脱开支架、终端块，则直接用它们的设备号表示。

（13）EFFECTIVITY 有效性。为了对飞机的情况进行跟踪记录，给飞机规定代码。代码可以是波音的有效性代码，也可以是用户自己规定的代号，由用户自己选择。有效性代码通常的形式为某个范围，如 PP001～PP099，其中包括几种不同的飞机，“ALL”表示对手册所有使用的机型均有效。

（14）MODEL 型号。表示飞机的型号，如 737。

（15）CUSTOMER 用户代码。由 3 个字母组成。

（16）REV DATE 修正日期。

（17）MANUAL 手册。包括线路图在内的整个手册的手册号码。

（18）DWG NO 图号。适用于某一范围内的所有线图均用一个图号，并按此号分类。

（19）EQIPMENT LIST 设备清单。

（20）VOLUME-1 卷号。线路图通常分为几卷，此位置表示目前内容是手册的第几卷。

（21）SECTION 部分。为了便于修改，将所有内容划分为不同的部分。

（22）PAGE 页号。在每部分最后一页，除页号外，还跟有“END”（结束）字样。

1.1.3 跳开关清单

跳开关清单如图 1-2 所示。

(1) PANEL NO 跳开关所在的面板号。

(2) REV 修改情况说明，暂空。

(3) GRID NO 跳开关所在面板上的位置号。

(4) CKT BKR 跳开关的设备号。

(5) DESCRIPTION 跳开关的具体描述，说明此跳开关的用途。

(6) DIAGRAM 跳开关所在的线路图章节号。

(7) EFFECTIVITY 有效性。

Panel/Access Door	Description		Diagram		
	Grid No	Ckt Bkr	Description	Diagram	Effectivity
J009-340					ALL
	L015	C00542	CB-EXTERNAL POWER DC (PROV)	24-31-11	ALL

图 1-2 跳开关清单截图

注意：不用的栅格没有列在清单中。

1.1.4 脱开支架清单

脱开支架清单如图 1-3 所示。

Bracket No.	Description					Max Pos	Station / WL / BL	Effectivity
	Position	Receptacle	Bundle	Plug	Bundle			
AB0858	DISCONNECT BRACKET					000	858/219/R069	ALL
	01	D45289J	W3583	D45289P	W3573			ALL
	02	D45297J	W3577	D45297P	W3573			ALL
	03	D45285J	W3583	D45285P	W3573			ALL

图 1-3 脱开支架清单截图

通过脱开支架清单可以了解脱开支架的设备号、所在位置、定位信息和可供放置插头/座的最大位置数量、每一个位置上的插头/座设备号，以及该插头/座连接的线束号等信息。

(1) BRACKET NO 脱开支架的设备号。

(2) REV 修改情况说明。暂空。

(3) POSITION 脱开支架上每一个插头/座的位置号。

(4) DESCRITION 脱开支架的具体描述，说明此脱开支架所在位置。

(5) RECP 插座设备号。脱开支架上对应“POSITION”位置的插座设备号。

(6) BUNDLE 插座连接的线束号。

(7) PLUG 插头设备号。脱开支架上对应“POSITION”位置与插座相连的插头设备号。

（8）BUNDLE 插头连接的线束号。

（9）MAX POS 脱开支架上可供放置插头/座的最大位置数量。

（10）STATION-BL-WL 脱开支架的定位信息，STATION-WL-BL 站位-水线-纵剖线。

（11）EFFECTIVITY 有效性。

1.1.5　导线清单

导线清单以字母顺序列出飞机上安装的线束、线束内的导线以及导线两端所接设备的信息，如图 1-4 所示。

Bundle No.	Part Number				Description		From				To				
Wire No.	GA	CO	TY	Fam	FT-IN	Diagram	Equip	Term	Type	Splice	Equip	Term	Type	Splice	Effectivity
W5257	286A5257				FLIGHT RECORDER E3-2 SHELF TO CONTROL POSITION SENSORS										
2001B	22		PB	AB	31-9	31-31-14	D43257P	A05			D00815	1			ALL
2001R	22		PB	AB	0-0	31-31-14	D43257P	A04			D00815	5			ALL
2002B	22		PB	AC	30-8	31-31-14	D43257P	A07			D00817	1			ALL
2002R	22		PB	AC	0-0	31-31-14	D43257P	A06			D00817	5			ALL
2003B	22		PB	AE	26-7	31-31-14	D43257P	B02			D00819	1			ALL
2003R	22		PB	AE	0-0	31-31-14	D43257P	B01			D00819	2			ALL
3001B	22		PC	AA	31-9	31-31-14	D43257P	A01			D00815	2			ALL
3001R	22		PC	AA	0-0	31-31-14	D43257P	A02			D00815	3			ALL
3001Y	22		PC	AA	0-0	31-31-14	D43257P	A03			D00815	4			ALL
3002B	22		PC	AD	30-8	31-31-14	D43257P	A09			D00817	2			ALL
3002R	22		PC	AD	0-0	31-31-14	D43257P	A08			D00817	3			ALL
3002Y	22		PC	AD	0-0	31-31-14	D43257P	A10			D00817	4			ALL
3003B	22		PC	AF	26-7	31-31-14	D43257P	B04			D00819	5			ALL
3003R	22		PC	AF	0-0	31-31-14	D43257P	B03			D00819	4			ALL
3003Y	22		PC	AF	0-0	31-31-14	D43257P	B05			D00819	3			ALL

图 1-4　导线清单截图

（1）REV 修改情况说明。

（2）MOD 改装情况说明。暂空。

（3）BUNDLE PART NUMBER AND TITLE 线束件号及名称。名称位于线束件号的同一行，对此线束的功能进行简单说明。

（4）BUNDLE 线束号。

（5）WIRE 线的序列号。表明线的类型，如表 1-5 所示。901-999 和 9001-9999 预留给客户使用。

表 1-5　导线类型表

导线种类	导线序列号
单股线（不带屏蔽层）	001-199
单股线（带屏蔽层） 屏蔽层	001-199 SHA-SPZ
双股线（不带屏蔽层）	201-299
双股线（带屏蔽层） 屏蔽层	201-299 SHA-SPZ
三股线（不带屏蔽层）	301-399

续表

导线种类	导线序列号
三股线（带屏蔽层） 屏蔽层	301-399 SHA-SPZ
四股线（不带屏蔽层）	401-450
四股线（带屏蔽层） 屏蔽层	401-450 SHA-SPZ
特殊导线（耐高温、热电偶用等）	451-500
其他导线（不包括屏蔽层）	501-899 8000-8999
留用线号	900-999 9000-9999
同轴电缆（带屏蔽层） 屏蔽层	451-500 SHA-SPZ
双股线（带屏蔽层） 屏蔽层	451-500 SHA-SPZ
三股电缆 内层屏蔽 外层屏蔽	451-500 SHI SHO
多于900根导线的线束 （A和W可以与数字以任意方式组合，但不能使用其他字母）	01A-A99 01W-W99
厂家配置的导线 飞机上保留线号	A-A～Z-Z 9-1～9-99
工程用套管 模型用套管	S01-S99 P01-P99
编织型线束	YAA-YZZ
继电器定位销 飞机上保留线号	PA1-PY9 PZI-PZZ
接线片用总线汇流条 线路跳开关绝缘用总线汇流条	ZZA-ZZ9 YAA-YZZ

（6）GA（Gauge）若是总线汇流条，则数字表示的是汇流条包括的接线柱数目。

（7）CO（Color）线的颜色代码，其表示方法如表1-6和表1-7所示。

表 1-6 单股导线的颜色代码表

导线颜色	代码	导线颜色	代码	导线颜色	代码	导线颜色	代码	导线颜色	代码
灰	A	蓝	B	绿	G	黑	K	白	W
红	R	褐	T	紫	Y				
不带绝缘层	U								

表 1-7 多股导线的颜色代码表

导线颜色	代码	导线颜色	代码	导线颜色	代码	导线颜色	代码	导线颜色	代码
黑/蓝	KB	蓝/黑	BK	红/黑	RK	白/黑	WK	白/黑/红	AG
黑/棕	KN	蓝/棕	BN	红/蓝	RB	白/蓝	WB	白/黑/紫	AL
黑/绿	KG	蓝/绿	BG	红/棕	RN	白/棕	WN	白/黑/黄	AM
黑/灰	KA	蓝/黄	BY	红/绿	RG	白/灰	WA	白/蓝/黑	AK
黑/橙	KO	蓝/橙	BO	红/橙	RO	白/绿	WG	白/蓝/黄	AA
黑/红	KR	蓝/粉	BP	红/粉	RP	白/红	WR	白/棕/红	AH
黑/紫	KV	蓝/紫红	BL	红/紫红	RL	白/紫	WV	白/绿/红	AJ
黑/黄	KY	蓝/绿/黑	AC	红/紫	RV	白/黄	WY	白/红/蓝	AD
				红/黄	RY	白/橙	WO	白/黄/红	AE
橙/黑	OK	黄/黑	YK	红/黄/绿	AB	白/粉	WP	白/紫红/红	AF
橙/棕	ON	黄/绿	YG			白/紫红	WL		
橙/黄	OY	黄/橙	YO	棕/橙	NO				
		黄/紫	YL						

(8) TY (Wire Type) 导线类型。此代码与 20-00-13 导线类型码 (WIRE TYPE CODES) 相互联系，用来查询导线件号。

(9) FA (Wire Family) 组代码。用来表示相互关联的一组线，比如有共同的屏蔽层或绝缘层，或者是扭曲在一起的导线。A-Z、AA-LZ 表示导线。MA-MZ 表示同轴电缆、同轴轴芯、同轴双层屏蔽电缆。1A-9Z 表示复杂的导线组、组内细分小组、其第一个数字应相同。

(10) LENGTH FT/IN 长度。ft/in 表示导线的长度。

注：1 ft=12 in=304.8 mm，1 in=25.4 mm。

在线路图中会标示出导线或线束的关键长度和允许误差。若为空白，表示它是组线中的一部分，其长度在组线的最小序列号的导线中显示。

(11) DIAGRAM ××-××-××导线所在的线路图章节号。

“MU-LT-I”表示此导线同时出现在几张线路图上。“SP-AR-E”表示有此导线，空线是一根备线。

(12) EQUIP 线的两端所连接设备的号码。对每根导线均有两栏，有可能是设备号，接地点（GD×××××）或是接线管（SP×××××，SM×××××）。若两设备号相同，则表示导线是从一个设备的一点连接到同一设备的另一点。

(13) TERM 终端号。表示设备上与导线相连的插钉或接线片号。导线的两端各有一个终端，用字母和数字表示。

标识前加"="号，仅用于连接及测试目的，在部件上找不到该标识。"REF"用于表示一个邻近的终端，但不表示在该设备的接线管和接线片范围内。"DED"表示屏蔽线的一端衔空，没有用跳线或猪尾巴线连接。"CAP"表示该线的一端使用终端帽。

接地终端标识 A 表示交流接地，D 表示直流接地，S 表示防静电或屏蔽或特殊接地。

大写字母前加"－"表示与大写字母相对应的小写字母。如－F=f。

(14) TT (Terminal Type) 终端类型。用代码表示，如图 1-5 所示。

代码的表现形式：

① 单个字母。

② 以字母开头的两位字母和数字。

③ 数字（一位数字，两位数字，一位数字和一位字母）。

④ 符号。

TERM TYPE CODE	DESCRIPTION OF THE CODE	PART NUMBER
A	General Purpose Lug, Standard/Narrow,	BACT12AC43

图 1-5 终端类型截图

(15) SP (Splice) 连接方式。如图 1-6 所示。

① ＊表示两根或多根线的终端连接在一起。

② ＊1，＊2，＊3 表示＊1 的线连接在一个终端上，＊ 2 的线连接在第二个终端上，＊3 的线连接在第三个终端上。

③ A，B，…表示屏蔽线终端。

④ JPA，JPB，…表示从接线管到另一终端的导线。

⑤ FA 表示屏蔽接地是用金属箍或猪尾巴套固定的。

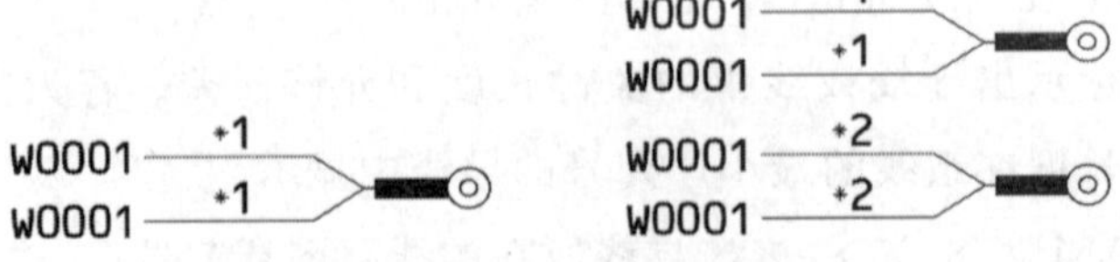

图 1-6 拼接管的连接方式截图

⑥ FR-（）跳线号。用于将屏蔽线连到插钉或地。例如：FRAA 表示跳线连到 FA，FRAB 表示跳线连到 FB，等等。

（16）EFFECTIVITY 有效性。

1.1.6　接地清单

接地清单反映了两种类型的接地，GB 仅用于增压区，GD 可用于增压区或非增压区。

支架或面板上的接地（GDM，GDX，GDY，GDZ，GBX，GBY，GBZ）在一个特定的支架或面板上是唯一的，因此不在此清单中。

清单中包括接地块的设备号、接地类型（AC，DC，S）、有效性、定位信息、接地的线号、终端类型及线路图章节号，如图 1-7 所示。

Ground No. Term	Type	Part Number Bundle	Wire No.	GA	CO	Station / WL / BL Diagram	Effectivity
GB01092		PARTOFTB1092				P001-01/ /	ALL

图 1-7　接地清单截图

（1）REV 修改情况说明。

（2）MOD 改装情况说明。暂空。

（3）GND NO. PART NUMBER 此项列出了接地块的设备号，以及接地类型（AC，DC，S）。AC 为交流接地，DC 为直流接地，S 为防静电或屏蔽或特殊接地。

（4）LOCATION 接地块的定位信息，STATION-WL-BL 为站位-水线-纵剖线。若部件位于或临近面板、设备架、脱开支架或终端块，则直接用它们的设备号表示。

（5）EFFECTIVITY 有效性。

（6）BNDL 线束号。

（7）WIRE 线的序列号。

（8）GA（Gauge）线的尺寸。若是总线汇流条，则数字所表示的是汇流条包括的接线柱数目。

（9）CO（Color）线的颜色代码。

（10）TT（Terminal Type）终端类型，用代码来表示。

（11）DIAGRAM ××-××-××导线所在的线路图章节号。

1.1.7　导线接线管清单

导线接线管清单反映了飞机内全部接线管（SP）的信息。SP 用于在同一线束内，连接波音线和厂家线，或用于不同线束之间的连接。SM 不在此清单内，因为它用于同一线束内导线的连接。

清单中包括接线管的设备号、有效性、定位信息、接线管两端的线号、终端类型及线路图章节号，如图 1-8 所示。

Splice No.	Bundle	Station / WL / BL Wire No.	GA	CO	Type	Diagram	Effectivity
SP01948		OFSS-712/ /					ALL
	W1188	2005R	20		9	27-81-12	ALL
	W1188	A-R			9	27-81-12	ALL

图 1-8　导线接线管清单截图

（1）REV 修改情况说明。

（2）MOD 改装情况说明。暂空。

（3）EFFECTIVITY 有效性。

（4）SPLICE 接线管的设备号，以及接线管两端所接导线的线束号和导线序列号。

（5）LOCATION 接地块的定位信息，STATION-WL-BL 是站位-水线-纵剖线。若部件位于或临近面板、设备架、脱开支架、终端块，则直接用它们的设备号表示。

（6）TT（Terminal Type）终端类型。用代码来表示。

（7）DIAGRAM ××-××-××导线所在的线路图章节号。

1.1.8　接线片清单

接线片清单显示了接线条的设备号、有效性、定位信息、接线条上的每一个终端的导线连接信息、终端类型及线路图章节号，如图 1-9 所示。

Terminal No.	Part Number						Station / WL / BL		
	Fix	Term	Type	Bundle	Wire No.	GA	CO	Diagram	Effectivity
T00203		MS27212-1-12					351/155/L015		ALL

图 1-9　接线片清单截图

（1）REV 修改情况说明。

（2）MOD 改装情况说明。暂空。

（3）EFFECTIVITY 有效性。

（4）TERMINAL STRIP 接线条的设备号。

（5）LOCATION 接地块的定位信息，STATION-WL-BL 是站位-水线-纵剖线。若部件位于或临近面板、设备架、脱开支架、终端块，则直接用它们的设备号表示。

（6）FIX 安装在接线条上的接线块的类型。

（7）TERM 接线条上的位置号。

（8）TT（Terminal Type）终端类型，用代码来表示。

（9）DIAGRAM ××-××-××导线所在的线路图章节号。

1.1.9　连接清单

连接清单反映了导线两端的连接设备，但不包括连接地点、接线管、连接条及单相跳开关。

连接清单列举了连接设备的设备号、与每一个连接设备连接的所有导线、终端类型和所在的章节号，如图 1-10 所示。

Equip	Term	Station / WL / BL Type	Bundle	Description Wire No.	GA	CO	Diagram	Effectivity
D12802		500C+10/210/L070		RCPT-				ALL
	1		W3142	0551	20		33-51-21	ALL
	2		W3142	0552	20		33-51-21	ALL
	3	UNUSED						ALL
	4		W3142	0554	20		33-51-21	ALL
	5	16	W3142	0555	16		33-51-21	ALL

图 1-10　连接清单截图

(1) REV 修改情况说明。

(2) MOD 改装情况说明。暂空。

(3) EQUIPMENT 连接设备的设备号。

(4) TERM 连接设备的位置号。

(5) BUNDLE 线束号。

(6) WIRE 线的序列号。

(7) GA (Gauge) 线的尺寸，AWG。若是总线汇流条，则数字所表示的是汇流条包括的接线柱数目。

(8) CO (Color) 线的颜色代码。

(9) TT (Terminal Type) 终端类型。用代码来表示。

(10) DIAGRAM ××-××-××导线所在的线路图章节号。

(11) EFFECTIVITY 有效性。

除了上述清单在机务维修过程中应用比较广泛外，还有备用导线清单、主要线束捆扎清单等，如图 1-11、图 1-12 所示。

From Matewith From Equip	Pos Term	Bundle Type	Sep Wire No.	Description GA	TY	To Equip	Term	Type	Matewith	Pos	Effectivity
AB1080	03	W3399	RB3	DISCONNECT BRACKET-STA 1080							
D43389J	11		3006B	22	HG	D01687	REF	VP	M01022		ALL
D43389J	10		3006R	22	HG	D01687	REF	VP	M01022		ALL
D43389J	12		3006Y	22	HG	D01687	REF	VP	M01022		ALL
D43389J	S/R		3006Z			GD00973	ST..	E			ALL

图 1-11　备用导线清单截图

Bundle Equip	Sep	Description Matewith	Location	MW Connector	MW Bundle	Effectivity
W0342	NN2	FORWARD RIGHT HAND DOORWAY LINING				
D40042J				D40042P	W4142	ALL
D02968		L01063	318/280/R038			ALL
D12606		M01834	MULTI/ /			ALL

图 1-12　主要线束捆扎清单截图

1.2 SWPM的认知与使用

1.2.1 SWPM结构及相关概念的认知

1. SWPM结构的认知

关于电气线路敷设与防护、各种终端的制作与安装、系统电气线路检查、清洁和修理相关的技术手册称为标准线路施工手册（Standard Wiring Practices Manual，SWPM）。

使用标准线路施工手册查找数据，要按照目录进行查找。目录是一分再分的，目录下面还有目录。页码目录也是一分再分的，页码目录下面还有页码目录。在手册中记录维护中需要的重要数据、环境、装配程序或安装设备。维护人员可以通过装配程序、安装设备的使用说明和材料件号完成装配程序。

（1）前言。前言包括手册介绍、手册索引等。手册介绍中有本手册的相关信息和使用手册的指引。通过典型的实例，使用指引描述如何在手册中获取需要的信息。手册索引关联到手册正文的每个章节，索引有字母索引和数字索引两种类型。

（2）子章节标题。

20-00-×× 通用数据

20-02-×× 防火区域与周围环境

20-10-×× 导线束捆扎与安装

20-11-×× ARINC 629 数据总线

20-12-×× 光纤电缆

20-14-×× 主飞行控制、燃油量指示系统和飞行记录器导线束捆扎

20-15-×× 777 ELMS 板修理

20-20-×× 电搭接与接地

20-23-×× ROLLS ROYCE RB 211-800 动力装置导线修理

20-24-×× PRATT AND WHITNEY P 44000/777 动力装置导线修理

20-25-×× 屏蔽电缆和屏蔽地线

20-30-×× 接线片与拼接头

20-35-×× 专用电缆

20-40-×× 焊接连接器

20-42-×× MATE-N-LOC 连接器

20-51-×× 同轴连接器

20-53-×× 双中心钉连接器

20-61-×× 前退圆形连接器

20-62-×× 专用连接器

20-63-×× 后退圆形连接器

20-64-×× 小模块连接器

20-71-×× 支架和配电板矩形连接器

20-72-×× 小型 D 矩形连接器和其他小型连接器

20-73-×× 扁平电缆连接器

20-74-×× 矩形后退连接器

20-81-×× 前和后继电器插座

20-82-×× 印刷电路板连接器

20-83-×× 线路系统终端系统和触发电门

20-84-×× 灯和灯电门

20-85-×× 连接器卡子与起落架电缆

20-86-×× BURNDY MT17R-1 连接器

20-87-×× HF 天线插头的装配

20-90-×× 终端块装配

20-91-×× 保险丝二极管模块和灯泡更换

（3）段落结构。

概述：主要介绍需要的相关信息。

件号描述：用于介绍导线、终端、材料的件号和详细信息。

施工程序：介绍施工操作使用的工具、操作程序等信息。

工具设备供应商：介绍施工操作使用的工具和设备的生产厂商。

（4）通用程序。

标准线路施工手册通用程序主要集中在 20-00-××。

20-00-08 维修中的防护

20-00-10 安全防护程序

20-00-11 材料

20-00-12 插钉/插孔夹接工具交叉参考

20-00-13 导线类型代码

20-00-14 标准类型导线的替代

20-00-15 导线绝缘去除

20-00-16 导线外层直径

（5）字母和数字交叉索引。

标准线路施工手册目录中将所有终端、材料、工具、设备、施工程序和生产厂商按照字母顺序进行排列，飞机维护工程技术人员通过这些索引找到需要的信息。

2. SWPM 相关概念的认知

（1）SPLICE 是接线管，用于将几根或一根导线与另外的导线连接在一起。

（2）UNINSULATED SPLICE 是不绝缘接线管，又称为不防水接线管。

（3）INSULATED SPLICE 是绝缘接线管，又称为防水接线管。

（4）TERMINAL 是接线片，一般用于导线的搭地或者接在接线柱上。

（5）CONNECTOR 是电插头。

（6）SHRINKABLE SLEEVES 是热缩管。

（7）STUD 是接线柱，一般指用于连接接线片的固定螺栓。

（8）STRAIN RELIEF CLAMP 是插头尾部。

（9）MECHANICAL FERRULE 是机械压环，在修理导线或者做屏蔽接地线的时候使用。一般分为内层机械压环和外层机械压环。

（10）CONTACT 是插钉。PIN 是公插钉，SOCKET 是母插钉。

（11）WIRE HARNESS TIE 是扎绳，可用于非增压区或增压区。

（12）PLASTIC TIE STRAP 是扎带，只能用于增压区。

（13）WTC 表示线类型代码，用于确定导线的件号。

（14）AWG 表示美国标准线径，不包括导线外层的绝缘层，仅仅指导线内部导体的直径。

（15）CAU 表示导体的圆形面积。

（16）INSERT CONFIGURATIONS 是插钉的插入构型，用于确定插钉的件号、大小以及插头的尺寸。

1.2.2 SWPM 主要内容的认知与使用

1. 20-00-11 波音商用飞机电气维修所需消耗性材料

该章节给出了材料的温度级别、防液压油的类别、常用的维修材料（如扎绳、热缩管、修理导线用的耐高温防液压油的胶带）以及插头没有装插钉的空孔填充棒的件号，如图 1-13 和图 1-14 所示。

Grade	Maximum Temperature		Superseded Type
	Degrees C	Degrees F	
A	100	212	Type I
B	135	275	Type II
C	180	356	Type III
D	260	500	Type IV

图 1-13　材料的温度级别截图

Material	Temperature Grade	Class	Part Number
Film Strip	D	1	E125-2
			E125-2
			E125-3
			E125-3
			P-412
			Scotch 48
			Scotch 3082

图 1-14　修理导线用的耐高温防液压油的胶带截图

2. 20-00-12 电插头内插钉的压制工具

电插头内插钉的压制工具如图 1-15 所示。

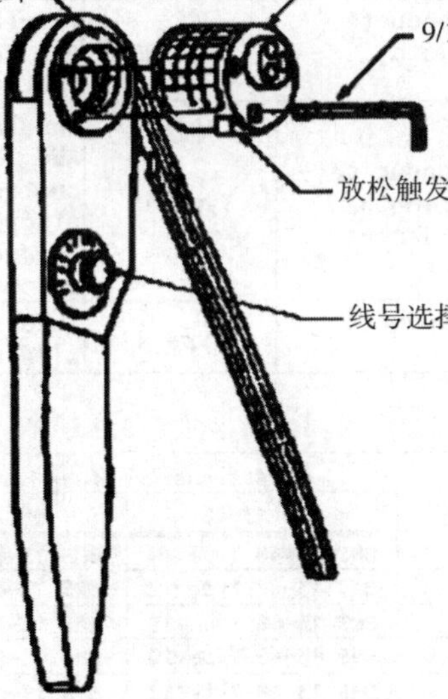

图 1-15　电插头内插钉的压制工具截图

3. 20-00-13 导线类型代码

本章节给出了波音系列飞机所使用的导线类型代码、导线的件号以及可替换导线的类型代码。导线的类型代码可根据 WDM DIAGRAM 中的导线代号以及 WDM WIRE LIST 查到。同时，对导线的功用进行了描述，包括该段导线是否耐高温、是否屏蔽线等，如图 1-16 所示。

WTC	Model: 7( )7						Wire Part Number or Specification	#	Notes	R WTC
	2	3	4	5	6	7				
A0	2	3	-	5	-	-	10-60816-13	01	High Temperature	QZ
AP	2	3	-	-	-	-	10-60816-14	05	-	-
AR	2	3	-	-	-	-	10-61299-1	04	-	BT
AS	2	-	-	-	-	-	10-60816-17	01	High Temperature	TJ
AS	-	3	-	-	-	-	10-60816-17	01	High Temperature, AWG 18 Only	VW
AS	2	-	-	-	-	-	10-60816-17	01	High Temperature	VW
AW	2	3	-	-	-	-	10-60816-22	03	-	MQ
AX	-	3	-	-	-	-	BMS 13-31 Type IV Class 4	04	High Temperature	-

图 1-16 导线类型代码截图

4. 20-00-14 可替换导线

本章节给出了通用型导线 BMS 13-48 系列和导线 BMS 13-60 系列可以替换的导线，而且 BMS 13-48 系列导线和 BMS 13-60 系列导线可以互换，作为替换件的 BMS 13-48 系列导线和 BMS 13-60 系列导线不能被其可替换的导线替换，如图 1-17 所示。

BMS 13-48 Wire		Equivalent BMS 13-60 Wire	
Type	Description	Type	Description
Type 3	Insulation - 6 mil, Conductor - tin coated copper, Shield, Jacket	Type 13	Insulation - 6 mil, Conductor - tin coated copper, Shield, Jacket
Type 6	Insulation - 6 mil, Conductor - silver coated high strength copper alloy, Shield, Jacket	Type 15	Insulation - 6 mil, AWG 24 to AWG 16 conductors - nickel coated high strength copper alloy, AWG 14 to AWG 10 conductors - nickel coated copper, Shield, Jacket
Type 10	Insulation - 8 mil, Conductor - tin coated copper	Type 1	Insulation - 8 mil, Conductor - tin coated copper

(a)

Specified Wire Type	Alternative Wire Type	
	BMS 13-48	BMS 13-60
BMS 13-10 Type I	BMS 13-48 Type 10	BMS 13-60 Type 1
BMS 13-10 Type III	BMS 13-48 Type 12	BMS 13-60 Type 2
BMS 13-10 Type IV	BMS 13-48 Type 12	BMS 13-60 Type 2
BMS 13-11 Type I	BMS 13-48 Type 10	BMS 13-60 Type 1
BMS 13-11 Type V	BMS 13-48 Type 12	BMS 13-60 Type 2
BMS 13-13 Type I	BMS 13-48 Type 10	BMS 13-60 Type 1
BMS 13-13 Type III	BMS 13-48 Type 12	BMS 13-60 Type 2

(b)

图 1-17 可替换导线截图

5. 20-00-15 导线绝缘层的剥离

本章节把导线绝缘层的剥离分为两类，一类是线缆外层的剥离，另一类是单根导线绝缘层的剥离，各自所使用的工具也不相同。导线绝缘层的剥离截图如图 1-18 所示。

线缆最外层剥离完成之后，线缆之内的导线绝缘层不能有划痕、小孔。在线缆外层剥离处，根部不能有变形。对于有屏蔽线的线缆，要求屏蔽线完好，不能断丝。导线绝缘层剥离完成之后，同样要求导线内的导体不能有断丝，剩余的导线绝缘层不能有划痕。

线缆外层的剥离工具不能与导线绝缘层的剥离工具混用。

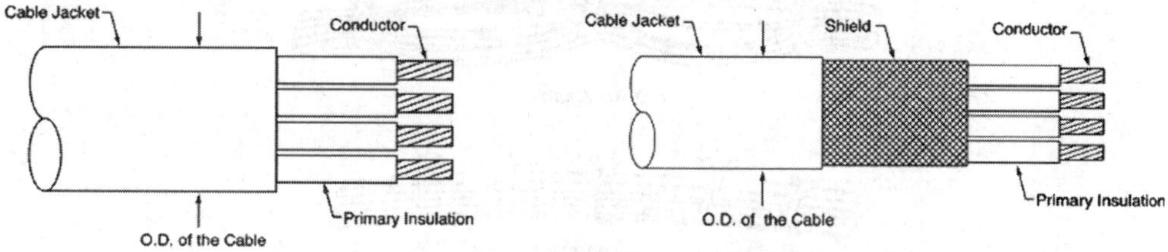

WTC	Wire Size (AWG)		Basic Unit	Replacement Blade
	Minimum	Maximum		
D0	-	-	45-402	K-6493
D1	-	-	45-402	K-6493
D2	-	-	45-404	K-6497
D3	-	-	45-404	K-6497

WTC	Wire Size (AWG)		Insulation Removal Tool
	Minimum	Maximum	
0B	24	16	ST2222-26
	14	12	ST2222-27
0C	24	16	ST2222-26
	14	12	ST2222-27

图 1-18　导线绝缘层的剥离截图

6. 20-00-16 导线外径

导线的外径简称 O. D.，包括最内的导体和离导体最近的绝缘层。常用导线外径截图如图 1-19 所示。

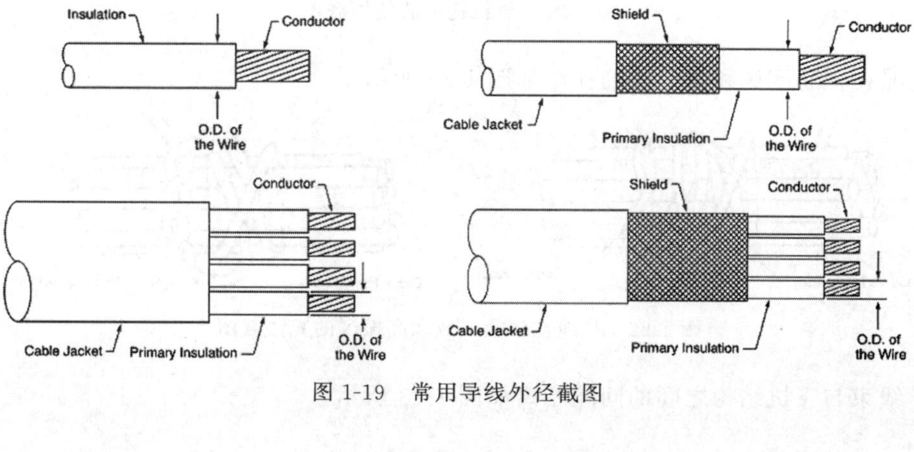

图 1-19　常用导线外径截图

7. 20-10-11 电气施工中铺线的标准和导线的保护以及识别

本章节给出了飞机高振区域的划分、扎绳和扎带的使用范围。扎绳适用于增压区和非增压区。在大翼前缘和发动机等区域的高振区，每两段扎绳结的间隙不能超过 2 in，其他区域两端扎绳结的间隙为 6～8 in。扎绳结之间的导线不允许有弯曲。应合理安排每段导线束上扎绳结的数目，以确保导线束的外径不大于扎绳结的外径，如图1-20所示。

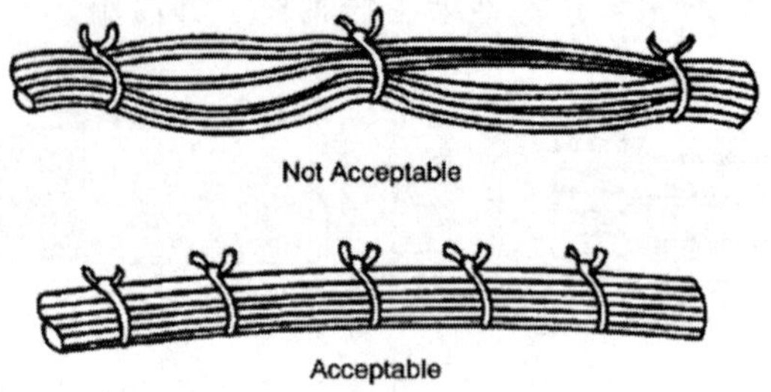

图 1-20　电气施工中导线的捆扎截图

塑料扎带不能在油箱、非增压区、高振区、对线束周围区域的温度要求级别为 C 级或者 D 级、一些可能由于该扎带断裂而导致线束与周围的机械装置相磨的区域使用。在波音系列的某些飞机上，可能出厂的时候部分线束在非增压区，高振区安装有塑料扎带。这样的安装是允许的，如果有必要，可以用扎绳来替代这些扎带，如图1-21所示。

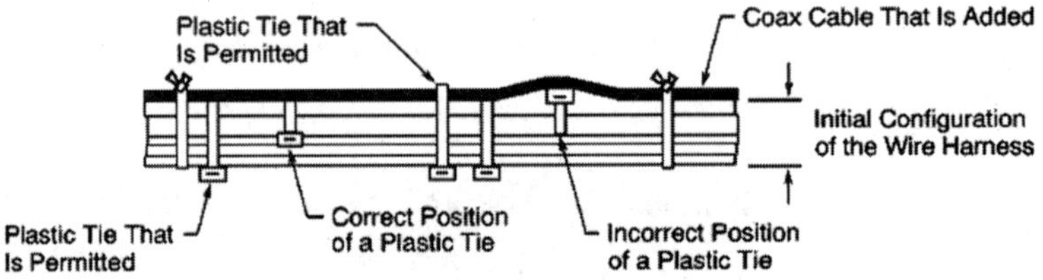

图 1-21　塑料扎带的使用截图

扎绳在普通区域和高振区的扎法如图 1-22 所示。

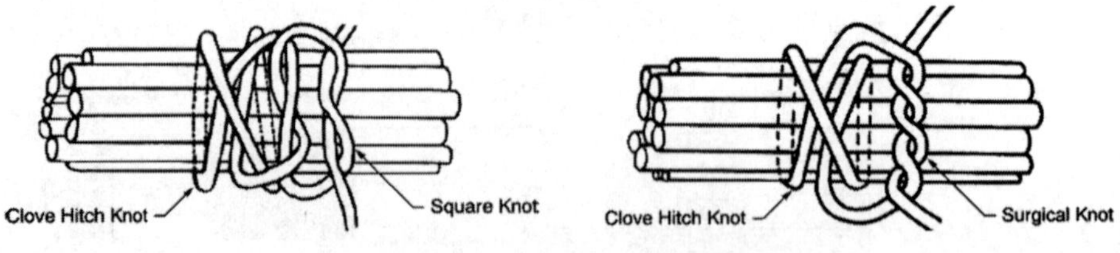

图 1-22　扎绳在普通区域和高振区的扎法截图

导线束与飞机结构之间的间隔距离如图 1-23 所示。

Airplane Component	Minimum Clearance (inch)	Special Instructions
Side of Bleed Air Duct	1	None
Top of Bleed Air Duct	2	None
Control Cable	2	If positive separation is made sure by mechanical support, the minimum clearance can be decreased.
Fuel Line	2	If positive separation is made sure by mechanical support, the minimum clearance can be decreased. Refer to Figure 24.
Heat Equipment	0.2	Fiberglass conduit must have the minimum clearance specified.
Hydraulic Fluid Line	0.5	If positive separation is made sure by mechanical support, the minimum clearance can be decreased. Refer to Figure 24.
Oxygen Line	2	If positive separation is made sure by mechanical support, the minimum clearance can be decreased. Refer to Figure 24.
Pitot Static Line	0.5	If positive separation is made sure by mechanical support, the minimum clearance can be decreased. Refer to Figure 24.
Sharp Edge of Structure and Equipment	0.13	As an alternative to the minimum clearance, use a continuous Teflon or Expando sleeve for protection.
Smooth Metal or Plastic with 0.13 inch minimum radius	0.0	In pressurized areas only, the length of the wire harnesses between clamps can touch smooth flat surfaces and smooth 0.13 inch minimum radius.
Water Line	0.5	If positive separation is made sure by mechanical support, the minimum clearance can be decreased. Refer to Figure 24.

图 1-23 导线束与飞机结构之间的间隔距离截图

导线的识别分为直接识别和间接识别。直接识别就是在导线的绝缘层表面刻印上导线的识别号，包括线束号、导线识别号、导线线径、颜色，如图 1-24 所示。直接识别不能用于同轴电缆和 BMS 13-71 光纤电缆，否则会导致电缆的性能变差。间接识别就是在导线上的热缩管胶带上印上导线的识别号，每两个间接识别的最大间隔为 72±1 in。距离导线或者线束末端 4 in 的地方应有间接识别。

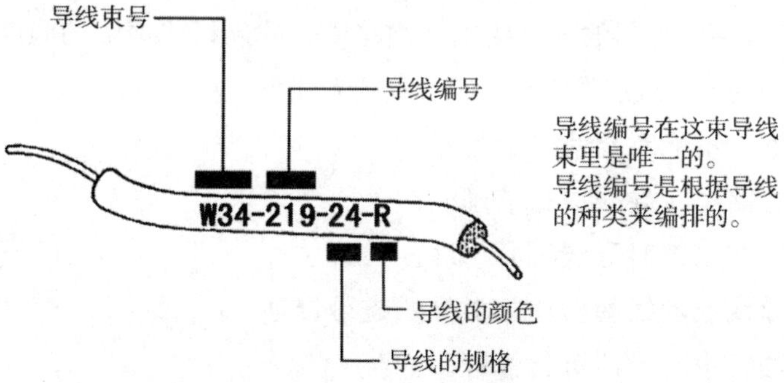

图 1-24 导线的识别截图

不使用的导线末段的绝缘（使用热缩管绝缘）分为两种情况。

当导线线径为 14 或者更小，并且导线末段没有连接接线片或者插钉时，安装热缩管的要求如图 1-25 所示。

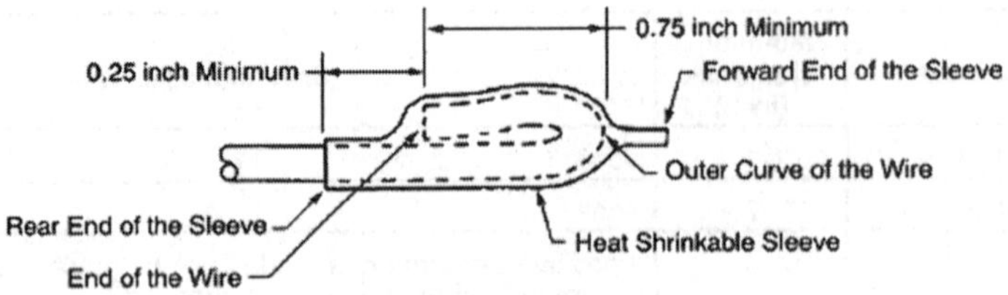

图 1-25　不使用的导线末段的绝缘截图

当导线线径为 12 或者更大，并且导线末端没有接插钉或者接线片时，安装热缩管的要求如图 1-26 所示。

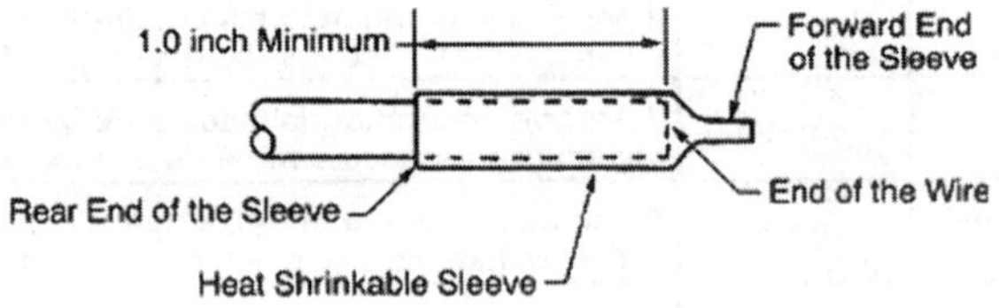

图 1-26　大线径导线末段的绝缘截图

对于所有导线末端接有接线片、插钉的构型，安装热缩管的要求如图 1-27 所示。

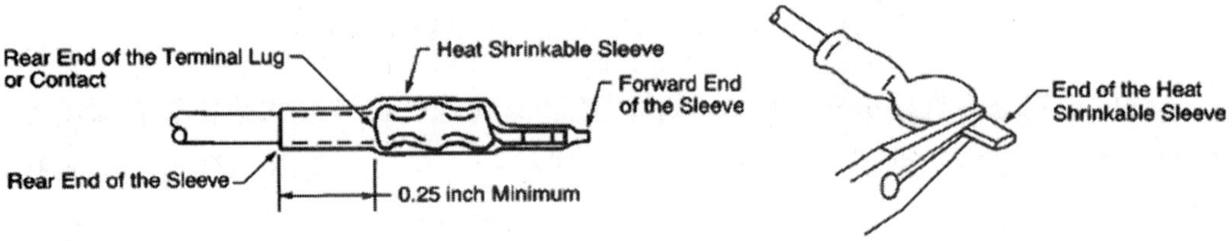

图 1-27　导线末端接有接线片、插钉构型的绝缘截图

8. 20-10-13 飞机上导线的修理

修理导线或线缆用的材料的温度级别必须与受损的导线或线缆的温度级别一致或者更高。如果需要在受损的导线或线缆上接一根导线或者线缆进行修理，则它们的件号必须一致。

在下列情况下，不能对导线进行修理：

（1）不能在管路中对导线进行修理。

（2）不能在插头尾部对导线进行修理。

（3）不能在导线或者线缆弯曲处对导线进行修理。

（4）不能在油箱中对导线进行修理。

一般情况下，可以用接线管来修理导线。在使用接线管修理导线时，一根导线上允许使用的接线管不能超过 3 个（不包括飞机出厂时厂家安装的接线管数目）。如果在导线束中对几根导线进行修理，则每两根导线之间使用的接线管的纵向距离必须满足以下条件：第一根导线上的接线管的末端与另外一根导线上的接线管的顶端的距离最少为 0.25 in。

在下列情况下，必须对导线进行修理：

（1）导线内的导体发生损坏、有断丝磨损现象等。

（2）线缆中的导线第一层绝缘层被损坏。

（3）线缆中的外层绝缘层被损坏。

（4）当导线的外层绝缘层分层长度大于导线直径的 50%时，必须进行修理。

（5）接线管的绝缘层发生损坏，被穿透。

上述损坏导线的修理方法如图 1-28 所示。

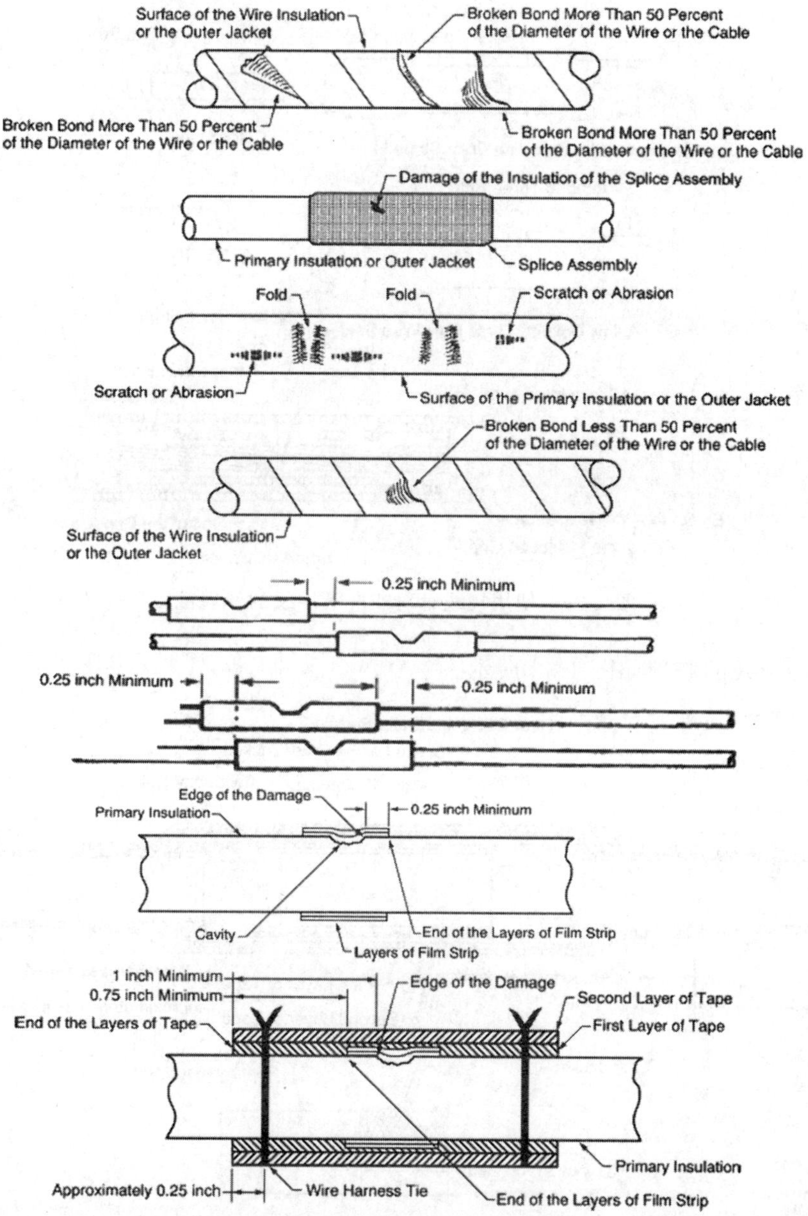

图 1-28 损坏导线的修理方法截图

导线的种类不同，修理方法也不同。在火警线以及发动机区域，导线修理只能是临时性的，在下次大修的时候要换新的导线。

导线的修理分为对导线绝缘层的修理，对线缆的修理，使用接线管对屏蔽导线和非屏蔽导线进行修理，使用机械压环对屏蔽线的修理，对屏蔽接地线的修理，使用接线管对火警线、热电偶导线、燃油油量指示导线的修理。

使用接线管对非屏蔽导线的修理如图 1-29 所示。

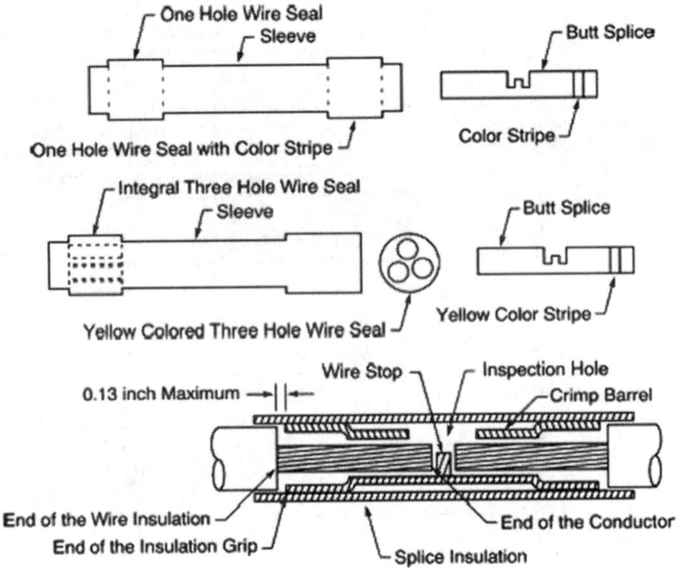

图 1-29　使用接线管对非屏蔽导线的修理截图

对屏蔽导线的修理如图 1-30 所示。

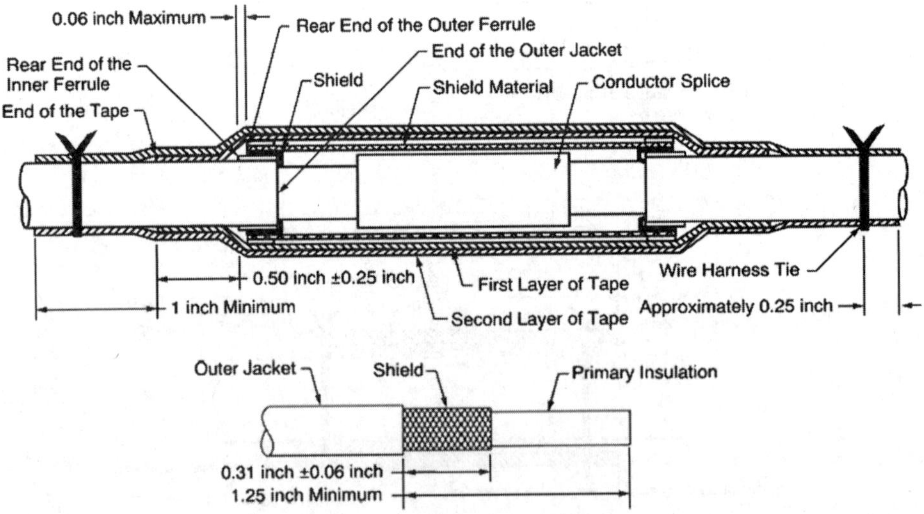

图 1-30　屏蔽导线的修理截图

9. 20-10-14 热缩管的安装

本章节给出了热缩管、冷缩管的件号，并给出了热缩管的使用步骤。

（1）如图 1-31 所示，选择合适的热缩管件号。由于热缩管受热时会收缩，实际长度必须比所需长度长 10%。

（2）为了保护周围的导线或屏蔽线不受热损坏，必要时在上面包扎保护性胶带，在热缩管覆盖导线的两头末端包扎保护性胶带至少 1 in。

（3）使用热枪加热至少 15 s，热枪距离热缩管至少 3 in。

（4）热枪对热缩管加热不能超过 20 s，如果第一次没有将热缩管收缩好，要至少等待 5 min，使导线冷却后再热缩。

Description	Part Number	Material	Supplier
Cold Shrinkable Sleeve	8443-()	Ethylene Propylene Diene Monomer Rubber	3M Company
Heat Shrinkable Sleeve	EEC-VFP-876	Alternative to RT-876 TFE	Electronized Chemical
	RT-876 TFE	Standard Teflon	Raychem
	RT-876 TFE-R	Thinwall Teflon	Raychem
	TFE 2X	Alternative to RT-876 TFE	Chemplast
	TFE 4X	Alternative to RT-876 TFE-R	Chemplast

图 1-31　热缩管件号的选择截图

10. 20-10-15 屏蔽线的接地组装

屏蔽导线或者屏蔽线缆的屏蔽接地方法有两种：

（1）使用内外机械压环外加屏蔽接地线。

（2）使用焊接的自身带有屏蔽接地线的衬管。其组装方法如图 1-32 所示。

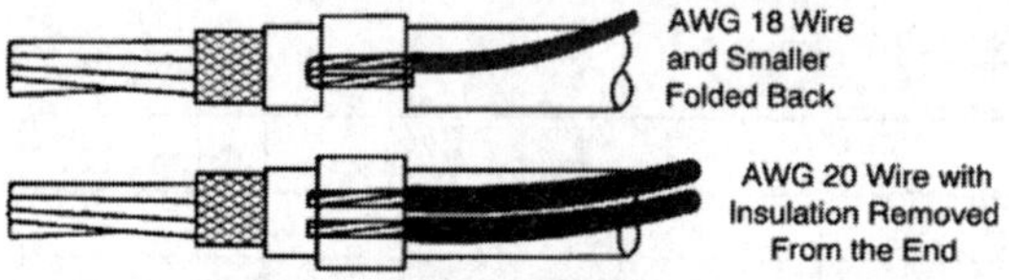

Maximum Temperature Grade	Ferrule
B	BACS13S()
D	BACS13S()NP

Area of the Airplane	Temperature Grade	Wire		
		Specification	Size (AWG)	Color
Pressurized	-	BMS 13-16 Type 1	20	Black
		BMS 13-16 Type 1	20	White with Black Stripe
Unpressurized	A	BMS 13-16 Type 1	18	Black
		BMS 13-16 Type 1	18	White with Black Stripe
	B	BMS 13-16 Type 1	18	Black
		BMS 13-16 Type 1	18	White with Black Stripe

Inner Ferrule		Shield Ground Wire		Outer Ferrule	
Part Number	Color	Quantity	Size (AWG)	Part Number	Color
BACS13S046B	Tin	0 or 1	22	BACS13S128C	Blue
		2 or 3	24		

图 1-32　屏蔽线的接地组装截图

11. 20-30-00 各种接线片的安装

三相发电机的电源导线是靠其上的不同颜色的热缩管衬套来识别的。一个接线柱上所允许接的接线片数目最多为 4 个。所有暴露在油气区中的接线片连接处都必须封胶。绝缘和非绝缘的接线片的弯曲角度如图 1-33 所示。

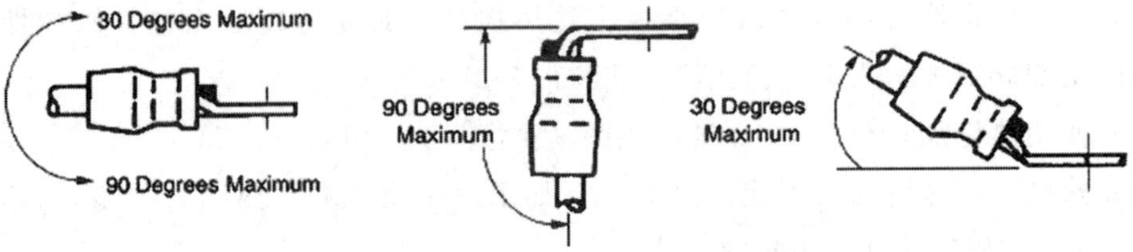

图 1-33　接线片的弯曲角度截图

安装线径为 8 或者更大的接线片，必须安装热缩管。对于单相电缆或者直流电缆，应使用黄色的热缩管。安装热缩管时，热缩管收缩后的构型必须从导线与接线片的结合处向前延伸 0.25±0.05 in，如图 1-34 所示。

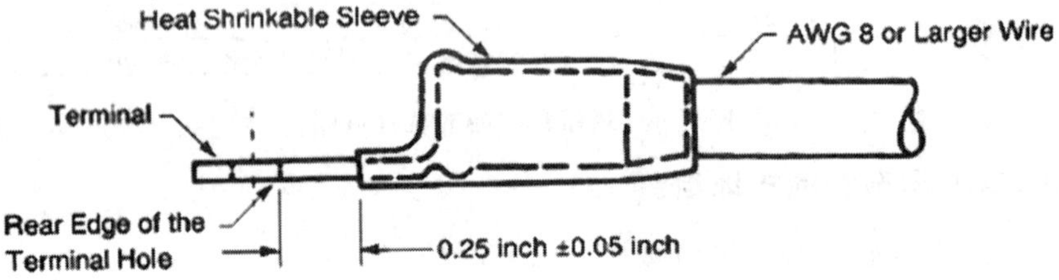

图 1-34　大接线片热缩管的安装截图

接线片的材料不同，施工的方法也不同。不论哪一种材料的接线片，都不能使用阳极化处理的垫圈或者钢垫圈，如图 1-35 所示。

Hardware	Part Number	Supplier
Nut, plain	MS35650-()	QPL
Washer, brass	AN961-()	QPL
Washer, lock	MS35338-()	QPL
Washer, pressure, cadmium plated, flat	AN960-()	QPL
Washer, spacer, flat	69B41518-1	Boeing

Stud Size	Hardware	Torque (inch-pound)	
		Minimum	Maximum
6-32	Nut, Plain	7	9
	Nut, Plain With Lockwasher	7	9
	Nut, Self-Locking	7	9

Wire Size (AWG)	Stud Size	Washer	
		Standard or Specification	Supplier
8	1/4	BACW10P-70	Boeing
		MS25440-4	QPL
	3/8	BACW10P-12	Boeing
		MS25440-6	QPL
	5/16	BACW10P-14	Boeing
		MS25440-5	QPL
6	1/4	BACW10P-70	Boeing
		MS25440-4	QPL
	3/8	BACW10P-12	Boeing
		MS25440-6	QPL
	5/16	BACW10P-14	Boeing
		MS25440-5	QPL

图1-35　接线片的安装程序截图

12. 20-30-11 接线片的各种件号

该章节给出了各种接线片的件号以及接线片的组装、压制工具。接线片件号的查询如图1-36所示。

Crimp Barrel Size	Stud Size	Boeing Standard	Insulation Color	CAU Range	
				Minimum	Maximum
26 - 22	2	BACT12AC43	Yellow	3	8
	4	BACT12AC44			
	6	BACT12AC45			
	8	BACT12AC46			
	10	BACT12AC47			
22 - 18	4	BACT12AC48	Red	7	24
	6	BACT12AC1			
		BACT12AC2			
	8	BACT12AC49			
	10	BACT12AC3			
	1/4	BACT12AC50			
	5/16	BACT12AC4			
	3/8	BACT12AC5			
	1/2	BACT12AC51			

图1-36　接线片件号的查询截图

13. 20-30-12 接线管的组装

该章节给出了所有构型接线管的组装、件号，与20-10-13结合在一起，提供了各种导线的修理方法。对于一些用于修理铝导线，或者连接铝导线与铜导线的很特殊的接线管，要在20-30-13中查询。

接线管的构型大致可分为以下几种：

(1) 一端接导线，另一端带有封闭构型的接线管（D436-58），如图1-37所示。

Splice Kit	Component	Part Number	Crimp Barrel Size	Color Strip	Supplier
D-436-58	Parallel Splice	D-609-04	20-16	Blue	Raychem
	Sleeve	D-436-45	-	-	Raychem

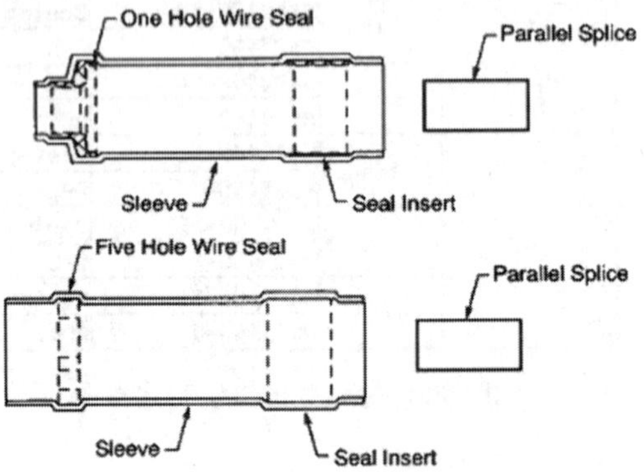

图 1-37 封闭构型的接线管截图

(2) 绝缘构型的接线管又可以分为两类，一类用于连接非屏蔽导线，另一类用于连接屏蔽导线，如图 1-38 所示。

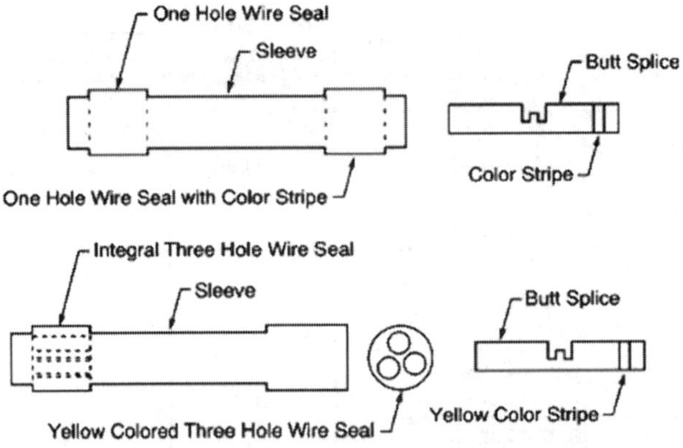

图 1-38 绝缘构型的接线管截图

用于修理非屏蔽导线的绝缘（防水）接线管件号为 D436-37，如图 1-39 所示。

Splice Kit	Component	Part Number	Crimp Barrel Size	Color Stripe	Supplier
M81824/1-1	Butt Splice	BACS52K1	26-20	Red	Boeing
	Sleeve	BACS13CM1	-	Red	Boeing
M81824/1-2	Butt Splice	BACS52K2	20-16	Blue	Boeing
	Sleeve	BACS13CM2	-	Blue	Boeing
M81824/1-3	Butt Splice	BACS52K3	16-12	Yellow	Boeing
	Sleeve	BACS13CM3	-	Yellow	Boeing
D-436-36	Butt Splice	D-609-06	26-20	Red	Raychem
	Sleeve	D-436-0096	-	Red	Raychem

D-436-37	Butt Splice	D-609-07	20-16	Blue	Raychem
	Sleeve	D-436-0097	-	Blue	Raychem
D-436-38	Butt Splice	D-609-08	16-12	Yellow	Raychem
	Sleeve	D-436-0098	-	Yellow	Raychem
D-436-42	Butt Splice	D-609-07	20-16	Blue	Raychem
	Sleeve	D-436-95	-	-	Raychem
D-436-43	Butt Splice	D-609-08	16-12	Yellow	Raychem
	Sleeve	D-436-95	-	-	Raychem

图 1-39　非屏蔽导线的绝缘（防水）接线管件号截图

用于连接屏蔽导线的绝缘接线管如图 1-40 所示。

CAU Range		Crimp Barrel Size	Part Number	Supplier
Minimum	Maximum			
3	15	26-20	D-150-0168	Raychem
			D-150-0174	Raychem
			D-150-0179	Raychem
8	27	20-16	D-150-0169	Raychem
			D-150-0175	Raychem
			D-150-0180	Raychem
19	67	16-12	D-150-0170	Raychem
			D-150-0176	Raychem
			D-150-0177	Raychem
			D-150-0181	Raychem
			D-150-0285	Raychem
43	138	12-10	D-150-0272	Raychem
			D-150-0273	Raychem

Splice Kit	Component	Quantity	Part Number	Supplier
D-150-0168	Butt Splice	1	D-609-06	Raychem
	Sleeve	1	D-436-0097	Raychem
	Solder Shield Splice	1	D-155-0350	Raychem
D-150-0169	Butt Splice	1	D-609-07	Raychem
	Sleeve	1	D-436-0098	Raychem
	Solder Shield Splice	1	D-155-0450	Raychem
D-150-0170	Butt Splice	1	D-609-08	Raychem
	Sleeve	1	D-436-0098	Raychem
	Solder Shield Splice	1	D-155-0550	Raychem
D-150-0174	Butt Splice	2	D-609-06	Raychem
	Sleeve	2	D-436-0096	Raychem
	Solder Shield Splice	1	D-155-0475	Raychem

图 1-40　连接屏蔽导线的绝缘接线管件号截图

应根据接线管的构型以及接线管的夹接筒大小选择接线管压制工具。夹接筒的大小与对应的压制工具选择如图 1-41 所示。

Crimp Barrel Size	Crimp Tool		
	Basic Unit	Locator Die	
		Part Number	Nest
24-20	59275	-	-
	69692-1	-	-
26-22	59275	-	-
	69692	-	-
22-18	47386	-	-
	59250	-	Red
	69692-1	-	-
16-14	47387	-	-
	59250	-	Blue
	69693-1	-	-
12-10	59239	-	-

图 1-41　接线管压制工具的选择截图

当总的导线的 CAU 小于接线管的最小 CAU 时，需要提高导线的 CAU。通常采用导线折叠和增加填充导线的方式来提高导线 CAU，如图 1-42 所示。

Wire Size (AWG)	Circular Area Units (CAU)
32	0.6
30	1
28	1.6
26	3
24	5
22	8
20	12
18	19
16	24
14	38
12	59
10	99

图 1-42　导线大小与 CAU 的对应关系截图

接线管的组装应根据实际情况选择合适的接线管构型。以选择绝缘接线管为例。首先，根据需要修理的导线的线径，参照线径与 CAU 的转换表得到该段导线的 CAU。根据 CAU 在绝缘接线管的部件件号表选择合适的接线管件号。根据夹接筒大小以及该接线管的构型，选择合适的接线管压制工具。其组装示意图如图 1-43 所示。

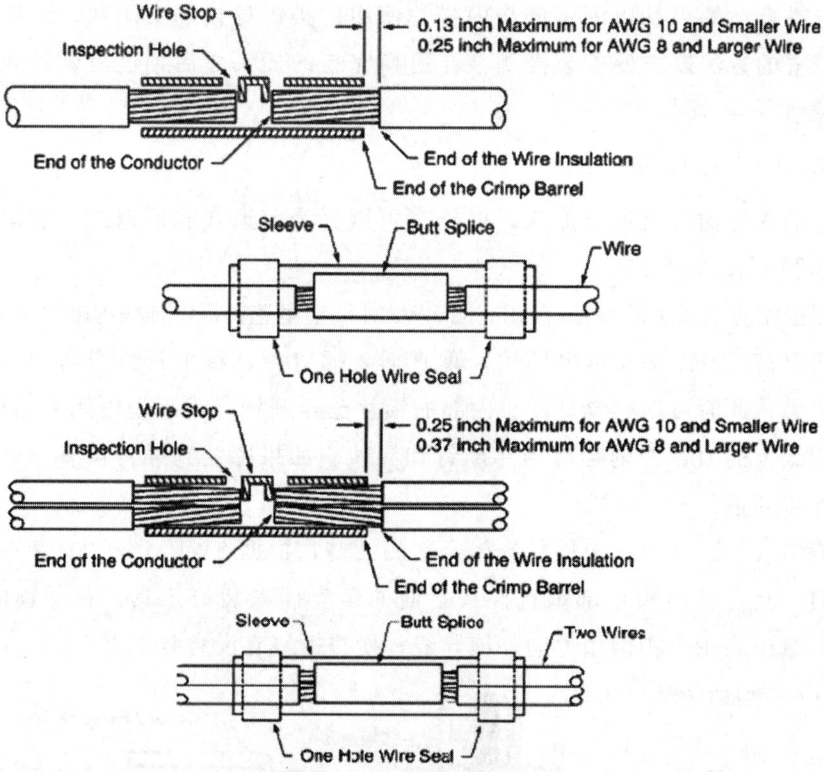

图 1-43　接线管的组装截图

14. 20-60-09 插头尾部的组装

插头尾部的组装步骤如图 1-44 所示。

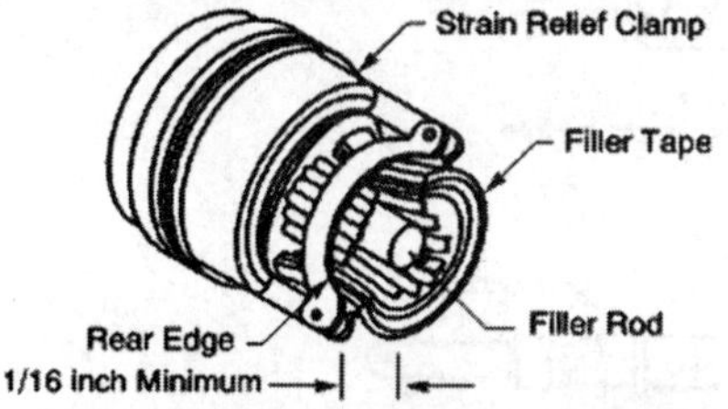

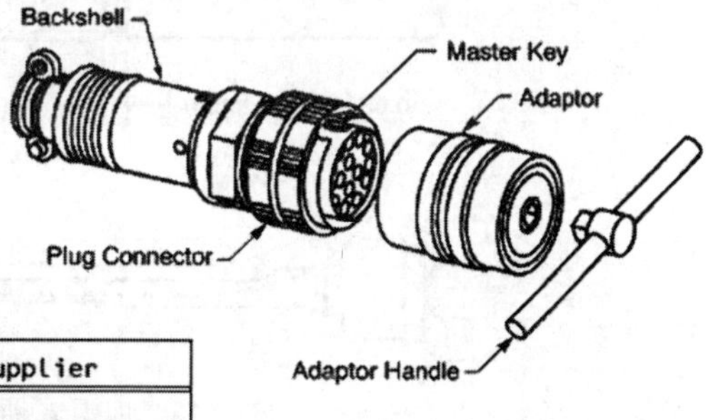

Tool	Part Number	Supplier
Strap Wrench	TG-70	Glenair
Tie Tool	TR-400	Thomas & Betts

图 1-44　插头尾部的组装截图

（1）当插头尾部的导线束直径尺寸过小而不足以使尾部的卡箍将其紧固，需要在导线束的周围缠上胶带，或者在导线束内增加填充棒以增大导线束直径。

（2）所有增加的胶带或者填充棒必须超出尾部卡箍的前后端至少 1/16 in。

（3）如果导线束的直径够大，保护性胶带至少两层叠加缠在导线束上。

（4）选择合适的工具以固定插头内槽，使用插头钳拧松插头尾部，外场常用调节插头尾部位置的方法以方便安装插头，在更换完新的插头之后，也需要对插头尾部的位置进行调节。

15. 20-61-00 插头的施工

按照电插头内插钉的退出形式，电插头可以分为前退式和后退式。前退式插头的组装步骤如图 1-45 所示。

（1）根据相应电插头的件号,在相应的 SWPM 章节里选择退电插头内插钉的退钉工具。

（2）将退钉工具正面对准电插头，垂直插入插钉内。将工具慢慢向内用力，直到感觉到有阻力，此时可以感觉到插头内部的锁片已经开锁，用手慢慢用力向外拽导线。注意不要用太大的力，否则容易损坏插钉和导线。如果感觉到插钉没有出来，必须重复上面动作重新退钉。

插钉的组装，应根据插头件号选择合适的插钉，根据 SWPM 20-00-12 中的表选择合适的压钉工具。从插头尾部垂直插头平面的角度插入装钉工具，有开锁的感觉后，将装钉工具拿出，用手稍微用力向外拽导线，检查插钉有没有装牢靠。

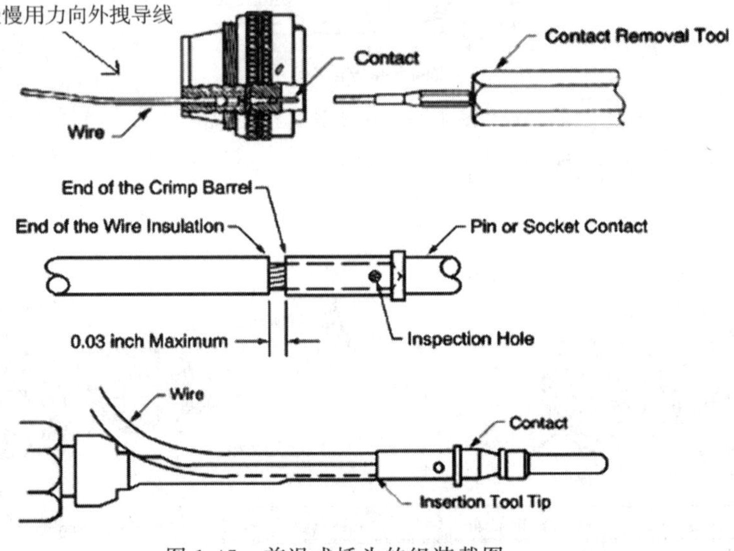

图 1-45　前退式插头的组装截图

1.3　安全施工的认知

1.3.1　安全施工内容

关于线路安全施工，可以参考 SWPM 的 20-00-10 章。

在线路施工开始之前，要做好以下工作，以防止人员伤害和设备损坏：

(1) 确认需要维护的系统。

(2) 拔开相应系统的跳开关，并挂上警告标签。为确保跳开关在“关”位，要装上卡箍。

(3) 断开相应系统的电门，并挂上警告标签。

在线路施工结束后，要做好以下工作：

(1) 确认各电门和其控制手柄在相应的位置上。

(2) 取下警告标签和卡箍，复位工作之前所拔开的跳开关，复位相应的电门。

(3) 给系统供电，按手册进行所需的检查。

跳开关在线路中发挥保险作用。

切记：当跳开关跳出时，必须先确定导致这种现象的原因，排除相应系统故障后，才能复位该跳开关。

1.3.2　燃油蒸汽水平

考虑到安全使用点火设备，可接受的安全燃油蒸汽水平基本为零。

专用的测量设备用于燃油蒸汽级别的初始设置和修理过程中监控燃油蒸汽级别的变化。

注意：燃油蒸汽比空气重 3～4 倍，会沉积在较低的地方。一品脱原油可以产生 200 ft^3 的可爆炸混合物。燃油蒸汽与空气的比例大约为 1∶100 时，就足以构成潜在的爆炸危险或火灾。

1.3.3　防火安全

(1) 在打开的燃油箱，以及燃油通风或泄露的燃油附近，无法测量或控制燃油蒸汽的含量时，禁止使用可能会产生电火花的设备。

(2) 在飞机上或附近，需要使用点火设备而又不允许产生烟雾时，应该有专人负责观察周围的工作场所。

(3) 存在产生电火花的设备时，不要使任何燃油系统部件开始工作或继续工作。

(4) 必须在工作场地放置足够的应急或消防设备，由有能力判断所做工作危险程度的消防人员或专家来布置工作场所。

1.3.4　加热枪、电焊枪、烙铁的安全使用

1. 爆炸的可能

(1) 工作过程中可以产生超过燃油蒸汽闪点的温度。

（2）电源开关产生的电火花能点燃燃油蒸汽。

2. 在燃油箱中使用

（1）任何加热设备都不适合在燃油箱中使用。

（2）可以用惰性气体如氮来清洁。

3. 在燃油和可燃液体附近使用

在以下区域使用时，应远离它们 100 ft 以上：

（1）正在加/放油的飞机。

（2）油箱口打开的飞机。

（3）燃油通风口。

（4）燃油溢出口。

（5）其他可燃易挥发液体。

4. 在烟雾区使用

加热枪、电焊枪、烙铁可用在飞机上或附近允许产生烟雾的区域。在不允许产生烟雾的区域需要使用上述设备时，要确定此区域燃油蒸汽的不安全量。

1.4 维修规范的认知

1.4.1 维修作风

飞行安全事关大局，“安全第一”重于泰山。航空器维修质量是飞行安全的基础，是安全的第一道关口，维修人员只有具备优良的维修作风，才能时刻把“安全第一”牢记心中。在航空器维修工作中，维修作风在提高维修质量、确保飞行安全方面发挥着重要作用。

维修作风的具体要求是实事求是、认真负责，遵章守纪、精益求精，恪尽职守、诚实守信，团结协作、勇于担当。

1. 实事求是、认真负责

“实事”就是客观存在的事实，“求是”就是以科学严谨的态度去探索。认真负责是指严肃对待维修工作，绝不敷衍。一架航空器有无数零部件，各种维修单卡都是经过无数次经验总结制订出来的，必须严格遵守。

2. 遵章守纪、精益求精

遵守各项规章制度和各项纪律，一切按章办事，一切按标准去做。维修人员要严格标准，严格质量，严把放行关，把各项工作真正落到实处。科学的工作需要科学的态度，维修工作容不得半点虚假和马虎。不按维修法规、手册操作，肯定会出疏漏，而任何一个疏漏都可能给飞行安全带来严重的后果。维修工作不细致，就不能有效地前移安全防范关口。航空器重要系统的故障不能彻底排除，维修质量就会大打折扣。检查制度落实不到责任人，放行的航空器就不能做到万无一失。

3. 恪尽职守、诚实守信

诚实的人是值得信赖的，诚信的团队是值得与之合作的。航空器维修工作是一项科学、系统、复杂的工程，既要有精湛的业务技术，更要有恪尽职守、诚实守信的作风。

4. 团结协作、勇于担当

航空器维修工作不是一个人可以完成的，需要团队协作完成。有效的团队需要通过合理的人员配置、有效的沟通等构建和维持。在团队工作中，成员共同承担工作的责任，而不是依赖其他人。通过团队协作，可以共享知识、工具等资源，可以一起讨论问题，可以正式或非正式地互相检查监督。

在中国民航发展的不同时期，对维修作风内涵的理解和要求不尽相同。在起步阶段，维修老旧飞机，首要任务是保障飞机能飞起来，维修作风的内涵是吃苦耐劳、善于钻研。在快速发展阶段，初步建立了规章管理制度，保障安全是核心任务，维修作风的内涵是严谨务实、遵章守纪。在新的历史时期，全面推进民航高质量发展，保证飞行安全底线，兼顾航班正常和降低成本，维修作风的内涵已转变为严谨、专业、诚信，对维修作风提出了更高的要求。

1.4.2　行为规范

行为规范是维修人员工作作风的重要组成部分，要从基础和细节做起，切实做到以下三个方面。

1. 仪容得体

工作期间按照本单位的具体规定，着装规范、仪容整洁。

2. 举止文明

工作时举止文明，正确使用劳动保护用品，保持工作现场整洁。

3. 纪律严明

严格遵守本单位的规章制度。遵守机场、边防、海关、空防等单位的规定。严禁违规饮酒、酒驾、打架斗殴、赌博等行为。不擅自通过微信、微博等网络媒体传播敏感信息。未经本单位书面批准，不得将本单位认为是秘密和已采取保密措施的任何专有数据、资料或任何其他业务资料用于公司需要或要求以外的任何目的，不得向任何第三方（包括履行其任务不需要知道保密资料的本单位其他员工）透露保密资料。

1.4.3 安全意识

维修人员要牢固树立规章意识、风险意识、举手意识和红线意识，简称“四个意识”。

1. 规章意识

规章意识既是底线，也是基础。要严格遵守法律、法规，以及手册、维修规范的要求，抵制违反规章、不按照手册程序工作、不使用工作单卡、不执行工卡步骤、不正确使用工具、使用未经批准的航材和耗材等行为。

2. 风险意识

风险意识是手段，用于防范工作中的风险。工作前应了解已知风险、主动识别风险、评估未知风险；工作中应控制已知风险、规避新增风险；工作后应总结新增风险、补充风险措施。坚决抵制盲目开工、野蛮操作、复杂及重大工作不进行风险评估或分析、对关键环节无控制措施等情形和行为。

3. 举手意识

举手意识是保障，维修工作中遇到异常要举手、遇到困难要举手、发现隐患要举手。坚决抵制工作任务不清时按经验操作、工作条件不具备时盲目施工、意外损伤零部件后自行处理、施工工卡与实际情况不符时将就应付、发现安全隐患“事不关己，高高挂起”等行为。

4. 红线意识

诚信意识是红线，牢固树立“失信是高压线，不可触碰”的理念。坚决抵制未做就签、编造或替人代签维修记录、各类申请材料造假、发生不安全事件后隐瞒不报、破坏现场、伪造证据、掩盖机械故障等行为。

1.4.4 现场工作守则

维修人员现场工作要落实好准备、施工、测试、收尾和交接“五个到位”。

1. 准备到位

（1）资料文件。资料文件至少包含工作现场必需的技术手册或工卡。开工前，现场负责人/维修人员要先阅读资料文件，掌握相关工作内容。

（2）工具设备。按照工卡要求准备符合标准/规格的工具设备以及警告牌、跳开关夹、防护设备等。做到现场工具专人负责、摆放合理、清点到位。

(3) 航材耗品。现场维修工作开展前领出的航材和耗材外表完好、规格正确、标识清楚、时寿在有效期内、件号/软件版本适用性正确，确保各类航材和耗材齐备、现场器材摆放整齐、保护措施到位等。

(4) 梯架设施。工作前确认梯架合适可用，推行前确认梯架的防撞胶条和制动机构情况良好等。梯架需按照规定路线行进，正确设置刹车或制动。接近/撤离工作部位前，要确认推行路线与航空器外表面的接近情况。摆放梯架时，要注意规避可能因上客、加油、顶升等导致的航空器位移变化，或舵面动作造成的碰擦及人员受伤。

(5) 人员资质。人员资质、数量、专业配置要符合工作要求，尤其是从事航空器顶升、发动机试车、应急设备更换等重大或特殊工作时，需确保人员具备相关资质及能力。

(6) 现场组织。重点关注多区域、多工种施工时的相互影响，有情景意识，合理安排工序。同一区域有多人工作时，要指定现场负责人。对于关键环节、重大工作、特殊气象条件等，应根据单位特点视情况安排相应干部在场组织。应急情况要有预案。

(7) 风险提示。关注“WARNING”“CAUTION”等风险提示信息，复杂或危险性较高的工作，开工前要进行重点、难点、风险点评估，并根据评估情况进行有效提示。

2. 施工到位

施工前要进行工作现场和工作条件确认，视情况组织现场班组会。具体施工过程中要做好检查、拆装、测量三个环节，保证维修人员、航空器、设备的安全。

检查时，该检的必检，该清洁的清洁，该借助工具的借助工具，该“详细目视检查”的不能“一般目视检查”，做到眼（看）到、手（摸）到、耳（听）到。检查过程中要精力到位，关注关键点，按工卡顺序实施，避免漏检。

拆装时，读懂工卡，按标准工艺实施。做好人员保护，穿戴好安全带、护目镜、手套等。做好工作区域防护，避免盖板、部件脱落造成航空器和人员损伤，避免螺钉、工具等落入航空器狭小区域，避免野蛮操作造成航空器部件或设备损伤。正确使用专用工具和计量工具。

测量时，正确使用量具，按工卡要求实施，及时做好记录和标识，不允许工作整体做完后凭印象补记数据。

针对航线维修工作，按照工作单卡要求的路线或步骤逐项实施检查。工作中使用正确的梯架或工具，光线不足时使用手电检查，完成勤务工作（加油、气、水、电等）后确认口盖盖好，确认所有工具、设备、航材清点齐全，正确按照 MEL、CDL 等处置（包括 M 项实施和恢复）并做好记录，做好安全销、夹板、空速管套等红飘带的定期维修和更换，起飞前要确保销子、套子、堵头、夹板等已全部取下清点并按要求交接。

3. 测试到位

测试工作的人员资质、设施设备、工卡等要符合要求。测试工作前，要进行周围环境、航空器状态的完整检查。要依据工卡、程序要求完整实施测试工作，如实记录测试数据，做好结果报告等。对于测试中遇到的突发情况、使用困难（设备不熟练、测试通不过等）等要正确处置。

4. 收尾到位

收尾过程中，要做好作业区域整理清洁，落实工具三清点。对关键项目，按要求执行互检，确保构型恢复正常，维修记录签署完整，设施设备归还到位。

5. 交接到位

建立和落实交接管控制度。做到交接信息准确、过程受控，要进行结果确认并形成闭环。关键步骤（如打力矩等）不允许交接，外部盖板等容易造成遗漏或检查困难的部件不允许部分安装后交接。

1.5 技能训练

1.5.1 WDM的认知与查询

<table>
<tr><td>工卡标题</td><td colspan="4">WDM的认知与查询</td></tr>
<tr><td>机型</td><td colspan="2">波音737NG</td><td>工种</td><td></td></tr>
<tr><td>机号</td><td colspan="2">N/A</td><td>工作区域</td><td></td></tr>
<tr><td>版本</td><td colspan="2">R1</td><td>工时</td><td></td></tr>
<tr><td>参考文件</td><td colspan="4">波音737NG维修手册和技术文件（WDM）</td></tr>
<tr><td>注意事项</td><td colspan="4">1. WDM的编排结构和功能。
2. 飞机和飞机手册的有效性。</td></tr>
<tr><td colspan="5">工量具/设备/材料</td></tr>
<tr><td>类别</td><td>名　称</td><td>规格型号</td><td>单位</td><td>数量</td></tr>
<tr><td rowspan="2">设备</td><td>电脑</td><td>W7</td><td>台</td><td>1</td></tr>
<tr><td>手册</td><td>B737NG手册大全</td><td>本</td><td>1</td></tr>
<tr><td colspan="5">1. 工作任务</td></tr>
<tr><td colspan="5">WDM的认知与查询</td></tr>
</table>

2. 工作准备
准备好相关设备及软件： (1) W7 及以上系统电脑 1 台。 (2) 在电脑上安装相关软件。

3. 工作步骤

1) WDM 的模仿查询与认知

查找注册号为 B-2666 的波音 737NG 型飞机中线号为 W0342-002-18 的导线所在导线束的件号、导线的类型代码、导线所在的线路图号以及连接的设备号。

(1) 查找 B-2666 飞机有效性。进入 WDM 手册 Front Matter 中 Effective Aircraft，查到有效性为 YA801 (Block Number)。

Model-Series	Operator		Manufacturer			Registration Number
	Identification Code	Effectivity Code	Block Number	Serial Number	Line Number	
737-79K	SHZ	721	YA721	29190	110	B-2633
737-79K	KNM	722	YA722	29191	127	B-2635
737-78S	KNM	001	YA801	30169	631	B-2666

确定该手册适用于 B-2666 飞机。

Bundle No. / Wire No.	Part Number GA	CO	TY	Description Fam	FT-IN	Diagram	From Equip	Term	Type	Splice	To Equip	Term	Type	Splice	Effectivity
W0342	286A0342			FORWARD RIGHT HAND DOORWAY LINING											
0001	18		PA		1-10	35-21-31	D40042J	5			D12606	1			ALL
0002	18		PA		1-10	35-21-31	D40042J	6			D12606	2			ALL
0003	20		PA		3-0	33-51-12	D40042J	3			D02968	1			ALL
0004	20		PA		3-0	33-51-12	D40042J	4			D02968	2			ALL
2001B	22		PB	GA	3-11	23-31-04	D40042J	2			M01464	COM	Z		ALL
2001R	22		PB	GA	0-0	23-31-04	D40042J	1			M01464	4K	Z		ALL

该导线所给出的有效性为 ALL (包括 YA801)。

(2) 根据导线线号 W0342-002-18，进入 WDM 手册 Wire List，得到导线束的件号为 286A0342、类型代码为 PA、线路图号 35-21-31 和连接的设备号分别为 D40042J 和 D12606。

2) WDM 查询训练

(1) 查询代码为“A”的终端代码 (TERM TYPE CODE) 的含义。

查询结果为：________________

(2) 查询线路图中天线 (ANTENNA) 的符号。

查询结果：________________

(3) 波音 737-700 型飞机 (注册号：B-2679) 某部件的设备号为 M1020 (=M01020)，请根据手册查出它的件号，所在线路图号。

查询步骤：

① 飞机有效性信息为：________________

② 根据设备号查找该设备的件号：________________

③ 该设备所在线路图号：________________

(4) 波音 737-700 型飞机 (注册号：B-2698) 上某插头的设备号为 D01205，请根据手册查出它的件号，该电插头在系统图纸中连接的所有导线束号，哪些销钉与地连接。

查询步骤：

① 飞机有效性信息：________________

② 连接的导线束号：________________

③ 接地的销钉号：________________

④ 接地的销钉所连接的导线号：________________

(5) 查找波音737-700型飞机（注册号：B-2698）中导线W2597-2501R-22的线路图号和它右边所连接的设备号和设备件号。

查询步骤：

① 飞机有效性信息：______

② 线路图号：______

③ 设备号：______

④ 设备件号：______

(6) 波音737-700型飞机（注册号：B-2698）在图纸32-41-11中有一接线盒设备号为TB0032，请指出图纸中接线盒的件号，所连接导线线号。

① 飞机有效性信息：______

② 接线盒件号：______

③ 导线线号：______

3) WDM巩固训练

(1) 波音737-700型飞机（注册号：B-2679）某跳开关的设备号为C00413，请根据手册查出它的件号以及该跳开关供电的电源和连接的导线线号。

查询结果：______

(2) 现怀疑波音737-700型飞机（注册号：B-2679）线路图77-12-21上1264-2001B-20线路有问题，需要查找导线在飞机上的具体位置（使用两种方法），记录导线两端连接的设备号和设备件号。

查询结果：______

(3) 找到波音737-700型飞机（注册号：B-2679）D01128全部管脚的详细信息（指每个管脚连接的导线情况）。

查询结果：______

(4) 在波音737-700型飞机（注册号：B-2679）WDM手册中，找到飞机气象雷达收发组件的线路图号、厂商代码、位置和件号。

查询结果：______

4. 结束工作

(1) 保存文件，文件用“班级＋学号＋姓名＋WDM”的方式命名。

(2) 清点设备，整理桌面。

(3) 清扫现场。

1.5.2 SWPM的认知与查询

工卡标题	SWPM的认知与查询		
机型	波音737NG	工种	
机号	N/A	工作区域	
版本	R1	工时	
参考文件	波音737NG维修手册和技术文件（WDM、SWPM）		

<table>
<tr><td>注意事项</td><td colspan="5">1. WDM、SWPM 的编排结构和功能。
2. 飞机和飞机手册的有效性。</td></tr>
<tr><td>编写/修订</td><td></td><td>审核</td><td></td><td>批准</td><td></td></tr>
<tr><td>日期</td><td></td><td>日期</td><td></td><td>日期</td><td></td></tr>
<tr><td colspan="6">工量具/设备/材料</td></tr>
<tr><td>类别</td><td>名　称</td><td colspan="2">规格型号</td><td>单位</td><td>数量</td></tr>
<tr><td rowspan="2">设备</td><td>电脑</td><td colspan="2">W7</td><td>台</td><td>1</td></tr>
<tr><td>手册</td><td colspan="2">B737NG 手册大全</td><td>本</td><td>1</td></tr>
<tr><td colspan="6">1. 工作任务</td></tr>
<tr><td colspan="6">SWPM 的认知与查询</td></tr>
<tr><td colspan="6">2. 工作准备</td></tr>
<tr><td colspan="6">准备好相关设备及软件：
(1) W7 及以上系统电脑 1 台。
(2) 在电脑上安装相关软件。</td></tr>
<tr><td colspan="6">3. 工作步骤</td></tr>
<tr><td colspan="6">1) SWPM 的认知
根据 SWPM 的章节号写出对应的内容。</td></tr>
</table>

章节号	主要内容
20-00-11	
20-00-12	
20-00-13	
20-00-14	
20-00-15	
20-00-16	
20-10-13	
20-10-14	
20-10-15	
20-30-00	
20-30-11	
20-30-12	
20-60-09	
20-61-00	
20-10-11	

2) 导线信息的查询
查询导线 W220-4001R-20 的件号。

(1) 在 WDM 中根据线号确定该导线的 AWG 为 20。

(2) 在 WDM 的 Wire List 中确定导线种类为 U4。

Bundle No. Wire No.	Part Number GA	CO	TY	Fam	Description FT-IN	Diagram	From Equip	Term	Type	Splice	To Equip	Term	Type	Splice	Effectivity
W0220	**286A0220**				**E2-2 SHELF (continued)**										
2044R	24		Y2	HT	0-0	73-24-11	D40348J	B08			TB2201Y	B017	1A		ALL
2044Z				HT	0-0	73-24-11	D40348J	PERG	1F		GB02201	ST..	1A		ALL
2045B	24		Y2	HU	3-2	73-24-11	D40450J	A07			TB2201Y	A019	1A		ALL
2045R	24		Y2	HU	0-0	73-24-11	D40450J	B07			TB2201Y	B017	1A		ALL
2045Z				HU	0-0	73-24-11	D40450J	PERG	1F		GB02201	ST..	1A		ALL
2046B	24		Y2	HV	3-1	73-24-11	D40130J	A05			TB2201Y	A019	1A		ALL
2046R	24		Y2	HV	0-0	73-24-11	D40130J	B05			TB2201Y	B017	1A		ALL
2046Z				HV	0-0	73-24-11	D40130J	PERG	1F		GB02201	ST..	1A		ALL
2047B	22		X2	HW	2-11	49-41-11	D11478A	27			D11114C	9			ALL
2047R	22		X2	HW	0-0	49-41-11	D11478A	14			D11114C	1			ALL
2047Z				HW	0-0	49-41-11	D11478A	DED			D11114C	10			ALL
3001B	16		VH	WA	1-10	24-21-31	D11114B	13			D40912J	J			ALL
3001R	16		VH	WA	0-0	24-21-31	D11114B	5			D40912J	H			ALL
3001Y	16		VH	WA	0-0	24-21-31	D11114B	6			D40912J	K			ALL
3001Z				WA	0-0	24-21-31	GD02207	ST..	1A		D40912J	B10			ALL
3002B	22		PC	WB	2-11	49-41-11	D11478A	34			D11114C	34			ALL
3002R	22		PC	WB	0-0	49-41-11	D11478A	33			D11114C	8			ALL
3002Y	22		PC	WB	0-0	49-41-11	D11478A	35			D11114C	18			ALL
3201B	22		PC	YA	2-11	49-41-11	D11478A	9			D11114C	33			ALL
3201R	22		PC	YA	0-0	49-41-11	D11478A	8			D11114C	21			ALL
3201Y	22		PC	YA	0-0	49-41-11	D11478A	1			D11114C	20			ALL
4001B	20		U4	A6	2-11	24-21-31	D11114C	27			D40942J	B03			ALL
4001G	20		U4	A6	0-0	24-21-31	D11114C	15			D40942J	B04			ALL
4001R	20		U4	A6	0-0	24-21-31	D11114C	6			D40942J	A03			ALL

(3) 在 SWPM (20-00-13) 中找到 WIRE TYPE CODE-WIRE TYPE CODES AND WIRE PART NUMBERS，即可查询到该导线完整的件号为 BMS13-48T12C04G20。

Wire Type Code	7()7 Model Wiring Diagram Manual						Wire Specification or Part Number	Number of Conductors	Notes
	2	3	4	5	6	7			
U4	-	3	4	-	6	7	BMS 13-48 Type 12 Class 4	04	Shielded

(4) 在 SWPM (20-00-13) 中找到 WIRE TYPE CODE-Alternative Wire，根据上述步骤即可找到对应的替换件号。

3) 插头、插钉信息与工具的查询

查询飞机中导线 WDM 21-27-21 连接的 D160 设备信息。

(1) 打开 WDM 21-27-21，点击 D160 即可得到该插头的件号为 BACC45FT14A7S，由此可知该设备的构型为 14-7。

Equip	Opt	Part Number Part Description	Used On Dwg Vendor	Qty	Diagram Station / WL / BL	Effectivity
D00155C	1	PARTCOFD00155 PLUG		0	34-53-21 E001-05/ /	701-745, 801-889, 884, 891, 899, 907-999
D00156		CRO15I RCPT-FWD VACUUM CLEANER	411A2202 74545	1	25-29-11 293/221/R054	ALL
D00158		CRO15I RCPT-AFT VACUUM CLEANER	411A2204 74545	1	25-29-11 954/221/R059	ALL
D00160	1	BACC45FT14-7S PLUG-	81205	1	21-27-21 370/164/R027	ALL

通过该插头件号在 SWPM 的 FRONT MATTER-CROSS REFERRANCE INDEX 中查找 BACC45FT 插头所在的章节号为 20-61-11。

BACC45FP(), CONNECTOR, BOEING 20-61-11

BACC45FS(), CONNECTOR, BOEING 20-61-11

BACC45FT(), CONNECTOR, BOEING 20-61-11

(2) 确定插钉的件号。

① 在 SWPM 20-61-11 中的目录中找到 BACC45FT 对应的页数为 11。

2. **BOEING STANDARD CONNECTOR PART NUMBER AND DESCRIPTION** 8

A. BACC45FL Thread Coupled Plug with RFI Shielding Capability 8

B. BACC45FM and BACC45FS Thread Coupled Connector 8

C. BACC45FN and BACC45FT Bayonet Coupled Connector 11

② 根据页码可以快速查询到该插头的构型为 BACC45FN14-4P6。

C. BACC45FN and BACC45FT Bayonet Coupled Connector

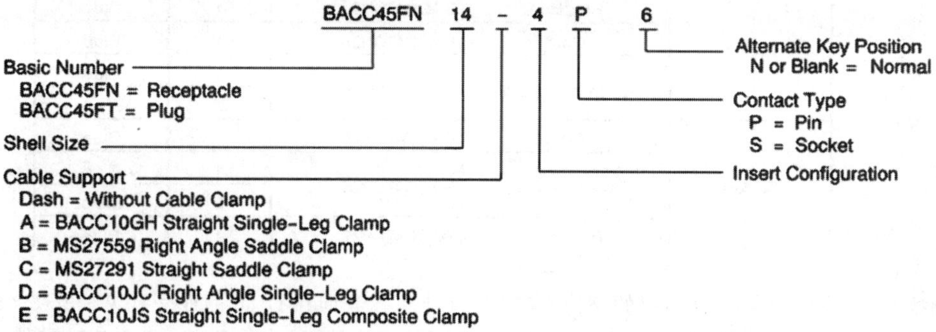

从图中可以看出，BACC45FN14-4P6 是一个 14-4 型插头，且销钉是 P 型的。由此可知，BACC45FT14A7S 是一个 14-7 型插头，但销钉是 S 型的。

③ 在 SWPM 20-61-11 的 Insert Configuration 中可以找到该插头对应的构型图，从中可知该插头为前开锁型，14 表示插头的外形尺寸，7 表示销钉数量，16 表示销钉的大小。

Insert Configuration	Contact Cavity		Reference
	Count	Size	
8-2	2	20	Figure 61
8-3	3	20	Figure 61
10-2A	2	20	Figure 63
10-2	2	Refer to Table 37	Refer to Table 37
10-5	5	20	Figure 63
10-20	2	16	Figure 63
12-3	3	16	Figure 64
12-12	12	20	Figure 64
14-3	1	8	Figure 65
	2	16	
14-4	4	12	Figure 65
14-7	7	16	Figure 65

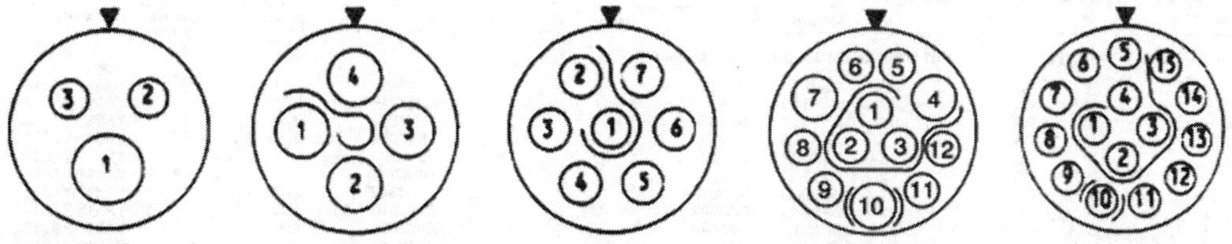

④ 查找插头对应销钉的件号。根据 BACC45FT14A7S 插头中 16 号销钉的信息，在 SWPM 20-61-11 的 CONTACT PART NUMBERS AND DESCRIPTION-Standard Contact Part Number 中查询该销钉件号，有 BACC47CP2A、BACC47CP2S、BACC47CP2T。

4. CONTACT PART NUMBERS AND DESCRIPTION 51
A. General Data 51
B. Selection of Recommended and Alternative Contacts 52
C. Standard Contact Part Numbers 53

Contact Size	Contact Type	Finish	Boeing Standard	Color Code	
				Band	Color
1616	Pin	Rhodium	BACC47CN2	1	Blue
		Gold	BACC47CN2A	1	Blue
		Localized Gold	BACC47CN2S	1	Blue
				2	Black
	Socket	Gold	BACC47CP2A	1	Blue
		Localized Gold	BACC47CP2S	1	Blue
				2	Black
		Rhodium	BACC47CP2T	1	Blue

(3) 确定工具。

①查找剥线长度和剥线工具。从给出的 WDM 21-27-21 中可以查询到 D160 的线号是 W6110-5508-20，即线径为 20，则可在 SWPM 20-61-11 的 WIRE PREPARATION 中找到 20/16 对应的剥线长度为 0.25±0.02 in。

7. WIRE PREPARATION 78

A. Wire Preparation 78

Wire Size (AWG)	Crimp Barrel Size	Removal Length (inch)		Special Instructions
		Target	Tolerance	
24	20	0.19	±0.02	-
		0.28	±0.02	For Pyle National ZZL-4()20-10() contacts only
	16	0.50	±0.03	Fold the conductor back
22	20	0.19	±0.02	-
		0.28	±0.02	For Pyle National ZZL-4()20-10() contacts only
	16	0.50	±0.03	Fold the conductor back
20	20	0.19	±0.02	-
		0.28	±0.02	For Pyle National ZZL-4()20-10() contacts only
	16	0.25	±0.02	-
	12	0.50	±0.03	Fold the conductor back

根据 W6110-5508-20 在 WDM 的 Wire List，可以确定导线的类型代码（WTC）为 PA，在 SWPM 20-00-15 的 WIRE INSULATION REMOVA-WIRE INSULATION REMOVAL 中找到 WTC 为 PA 对应的剥线工具为 ST2222-29。

Bundle No.	Part Number				Description		From				To				
Wire No.	GA	CO	TY	Fam	FT-IN	Diagram	Equip	Term	Type	Splice	Equip	Term	Type	Splice	Effectivity
W6110	**286A6110**				**P91 (FWD DISC) TO E/E BAY (continued)**										
0513	22		PA		25-7	24-23-51	D11418	13			D40368P	1			YA811-YA814
0514	20		PA		12-6	27-53-11	D40364P	B07			D48124P	B08			YA811-YA812
0514	20		PA		12-5	27-53-11	D40364P	B07			D48124P	B08			YA813-YA814
0516	20		PA		4-1	24-51-11	D11418	16			GD03200	DC..	1A		YA811-YA814
0517	10		CQ		5-0	24-53-11	D11450	D			T00006	LV1	E		YA811-YA814
0518	08		CQ		2-7	24-53-11	T00006	G	E		GD00010	AC..	F		YA811-YA814
0519	24		PK		19-4	24-32-11	D40368P	2			D40364P	A03			YA811-YA812
0519	24		PK		19-3	24-32-11	D40368P	2			D40364P	A03			YA813-YA814
0520	22		PA		19-4	SPARE	D40368P	5			D40364P	A04			YA811-YA812
0520	22		PA		19-3	SPARE	D40368P	5			D40364P	A04			YA813-YA814
0521	22		PA		19-4	SPARE	D40368P	6			D40364P	B03			YA811-YA812
0521	22		PA		19-3	SPARE	D40368P	6			D40364P	B03			YA813-YA814
0523	22		PA		19-4	27-81-11	D40368P	8			D40364P	A05			YA811-YA812
0523	22		PA		19-3	27-81-11	D40368P	8			D40364P	A05			YA813-YA814
0524	22		PA		19-4	27-83-11	D40368P	9			D40364P	B08			YA811-YA812
0524	22		PA		19-3	27-83-11	D40368P	9			D40364P	B08			YA813-YA814
0525	20		PA		12-2	27-53-11	D40364P	B09			D48124P	A08			YA811-YA814
0526	20		PA		12-2	27-53-11	D40364P	B10			D48124P	A09			YA811-YA814
5501	22		PA		18-9	21-27-21	D11418	15			D48124P	A01			YA811-YA814
5502	22		CQ		18-9	21-27-21	D11418	11			D48124P	A03			YA811-YA814
5503	20		PA		11-3	21-27-21	D11422	2			D00160	1			YA811-YA814
5504	20		PA		11-3	21-27-21	D11422	3			D00160	2			YA811-YA814
5505	20		PA		11-3	21-27-21	D11422	4			D00160	3			YA811-YA814
5506	20		PA		4-2	21-27-21	D00160	7			GD01008	ST..	1A		YA811-YA814
5507	22		PA		11-3	21-27-21	D11422	7			D00160	5			YA811-YA814
5508	20		PA		26-2	21-27-21	D00160	6			D48124P	A02			YA811-YA814

<table>
<tr><th rowspan="2">WTC</th><th colspan="2">Wire Size (AWG)</th><th rowspan="2">Insulation Removal Tool</th></tr>
<tr><th>Minimum</th><th>Maximum</th></tr>
<tr><td>N4</td><td>24</td><td>16</td><td>ST2222-40</td></tr>
<tr><td>N5</td><td>24</td><td>16</td><td>ST2222-40</td></tr>
<tr><td>N6</td><td>24</td><td>16</td><td>ST2222-40</td></tr>
<tr><td>N7</td><td>24</td><td>16</td><td>ST2222-40</td></tr>
<tr><td>N9</td><td>24</td><td>16</td><td>ST2222-40</td></tr>
<tr><td>P1</td><td>24</td><td>16</td><td>ST2222-26</td></tr>
<tr><td>P2</td><td>24</td><td>16</td><td>ST2222-26</td></tr>
<tr><td>P3</td><td>24</td><td>16</td><td>ST2222-26</td></tr>
<tr><td rowspan="2">P4</td><td>24</td><td>16</td><td>ST2222-50</td></tr>
<tr><td>14</td><td>10</td><td>ST2222-30</td></tr>
<tr><td rowspan="2">P5</td><td>24</td><td>16</td><td>ST2222-50</td></tr>
<tr><td>14</td><td>10</td><td>ST2222-30</td></tr>
<tr><td>P6</td><td>24</td><td>16</td><td>ST2222-50</td></tr>
<tr><td>P7</td><td>24</td><td>20</td><td>ST2222-50</td></tr>
<tr><td rowspan="2">PA</td><td>24</td><td>16</td><td>ST2222-29</td></tr>
<tr><td>14</td><td>10</td><td>ST2222-30</td></tr>
</table>

②查询销钉压接工具。在 SWPM 20-61-11 的 CONTACT ASSEMBLY 中查询压接工具，根据前述查询的信息可找到 20 号导线 16 号销钉的组合压接工具为 M22520/1-01 和 M22520/1-02。将 M22520/1-01 设在 4 挡，定位器 M22520/1-02 选择蓝色。

8. <u>CONTACT ASSEMBLY</u> **84**

A. Selection of a Crimp Tool 84

B. Contact Assembly 91

<table>
<tr><th rowspan="3">Wire Size (AWG)</th><th rowspan="3">Contact Size</th><th colspan="5">Crimp Tool</th></tr>
<tr><th colspan="2">Basic Unit</th><th colspan="2">Locator</th><th rowspan="2">Code</th></tr>
<tr><th>Part Number</th><th>Setting</th><th>Part Number</th><th>Color</th></tr>
<tr><td rowspan="3">24</td><td rowspan="2">2020</td><td>M22520/1-01</td><td>2</td><td>M22520/1-02</td><td>Red</td><td>B</td></tr>
<tr><td>M22520/2-01</td><td>5</td><td>M22520/2-02</td><td>-</td><td>A</td></tr>
<tr><td>1616</td><td>M22520/1-01</td><td>4</td><td>M22520/1-02</td><td>Blue</td><td>I</td></tr>
<tr><td rowspan="3">22</td><td rowspan="2">2020</td><td>M22520/1-01</td><td>3</td><td>M22520/1-02</td><td>Red</td><td>D</td></tr>
<tr><td>M22520/2-01</td><td>6</td><td>M22520/2-02</td><td>-</td><td>C</td></tr>
<tr><td>1616</td><td>M22520/1-01</td><td>5</td><td>M22520/1-02</td><td>Blue</td><td>J</td></tr>
<tr><td rowspan="4">20</td><td rowspan="2">2020</td><td>M22520/1-01</td><td>4</td><td>M22520/1-02</td><td>Red</td><td>F</td></tr>
<tr><td>M22520/2-01</td><td>7</td><td>M22520/2-02</td><td>-</td><td>E</td></tr>
<tr><td>1616</td><td>M22520/1-01</td><td>4</td><td>M22520/1-02</td><td>Blue</td><td>I</td></tr>
<tr><td>1212</td><td>M22520/1-01</td><td>6</td><td>M22520/1-02</td><td>Yellow</td><td>M</td></tr>
</table>

③查询销钉的安装和退出工具。在 SWPM 20-61-11 的 CONNECTOR DISASSEMBLY-Contact Removal 和 CONTACT INSERTION 中可分别查询到 16 号销钉的安装与退出工具。可以任意选取其中一个。

6. <u>CONNECTOR DISASSEMBLY</u> **74**

A. Cinch CN0900-329 Connector Separation 74

B. Backshell Removal 74

C. Contact Removal 74

Contact Engaging End Size	Removal Tool
16	294-97
	AT 2016
	ATML 1908
	DRK16
	DRK56-16
	MS24256R16
	MS24256-16
	M81969/19-01
	M81969/19-08
	MS24256R16
	RX16-7
	RX16-8
	ST2220-3-14
	ZZL-R-9511-16

11. **CONTACT INSERTION** 141

A. Contact Insertion 141

B. Shielded Contact Insertion 147

C. Coax Contact Insertion 149

Contact Size	Wire O.D. (inch)	Basic Unit	Bit
1616	Less than 0.088	294-96	-
		AT 1016	-
		ATBO1108	-
		ATBO1108-16	-
		ATBO1108-90	-
	-	DAK55-16	-
		MS24256A16	-
	Less than 0.088	M81969/17-04	-
	-	MS90455-16	-
		RTM16-2	-
	Less than 0.088	RTPIT-085B	ST2220-2-4
	Between 0.088 and 0.130	RTPIT-085B	ST2220-2-4A
	Less than 0.088	RTPIT-120B	ST2220-2-4
	Between 0.088 and 0.130	RTPIT-120B	ST2220-2-4A
	Less than 0.088	ST2220-2	ST2220-2-4
	Between 0.088 and 0.130	ST2220-2	ST2220-2-4A
	Less than 0.088	ZZL-R-9510-16	-

4）接线片信息与工具的查询

查询固定 B-2639 飞机左着陆灯接线片信息和工具。

（1）通过 WDM 确定导线的粗细。WDM 中与固定着陆灯接线片连接的线号是 W1662-1004-12，由此可得到该导线的相关信息。

Bundle No. / Wire No.	Part Number / GA	CO	TY	Fam	Description / FT-IN	Diagram	From Equip	Term	Type	Splice	To Equip	Term	Type	Splice	Effectivity
W1662	**286A1662**				**LEFT WING/BODY PRESSURE SEAL TO FRONT SPAR**										
1001	18		HP	AA	6-1	33-42-11	D39907	14			T00043	HV	GW		YA811-YA814
1001Z				AA	0-0	33-42-11	D39907	S/R			GD03906	ST..	GW	*1	YA811-YA814
1002	12		HE	AB	1-10	33-42-11	T00043	G	GW		GD00198	AC..	N	*1	YA811-YA814
1002Z				AB	0-0	33-42-11	GD03906	ST..	GW	*1	GD00198	AC..	N	*1	YA811-YA814
1003	12		HE	AC	3-9	33-42-11	T00043	LV	GW		L00320	=P	GW		YA811-YA814
1003Z				AC	0-0	33-42-11	GD03906	ST..	GW	*1	L00320			FA	YA811-YA814
1004	12		HE	AD	2-9	33-42-11	L00320	=G	GW		GD00194	AC..	N	*1	YA811-YA814

(2) 在 WDM 的 INTRODUCTION 中找到终端类型（TT）代码为 N 的高温接线片对应的基本件号为 BACT12M（ ），接地桩为 10＃。

TERM TYPE CODE	DESCRIPTION OF THE CODE	PART NUMBER
continued...		
	#2 Stud	
B	General Purpose Lug, Standard, #4 Stud	BACT12AR( ) or 2-323914-2 (24 Gage)
C	General Purpose Lug, #6 Stud	BACT12AR( ) or BACT12AC( )
D	General Purpose Lug, #8 Stud	BACT12AR( ) or BACT12AC( )
E	General Purpose Lug, #10 Stud	BACT12AR( ) or BACT12AC( )
F	General Purpose Lug, 1/4 Stud	BACT12AR( ) or BACT12AC( )
G	General Purpose Lug, 5/16 Stud	BACT12AR( ) or BACT12AC( )
H	General Purpose Lug, 3/8 Stud	BACT12AR( ) or BACT12AC( )
I	General Purpose Lug, Narrow #6 Stud	BACT12AR( )
J	High Temperature Lug, #2 Stud	BACT12M( )
K	High Temperature Lug, #4 Stud	BACT12M ( )
L	High Temperature Lug, #6 Stud	BACT12M ( )
M	High Temperature Lug, #8 Stud	BACT12M ( )
N	High Temperature Lug, #10 Stud	BACT12M ( )

(3) 查找导线的剥线长度和工具。

① 按照前述方法在 SWPM 20-61-11 的 WIRE PREPARATION 中，根据 W1662-1004-12 的 AWG 为 12，可找到对应的剥线长度 0.25±0.02 in。

Wire Size (AWG)	Crimp Barrel Size	Removal Length (inch)		Special Instructions
		Target	Tolerance	
24	20	0.19	±0.02	-
		0.28	±0.02	For Pyle National ZZL-4()20-10() contacts only
	16	0.50	±0.03	Fold the conductor back
12	12	0.25	±0.02	-

② 根据 W1662-1004-12 的类型代码（WTC）为 HE，在 SWPM 20-00-15 Wire Insulation Removal Tools 中找到 WTC 为 HE 对应的剥线工具 ST2222-43。

3. CABLE JACKET AND WIRE INSULATION REMOVAL TOOLS 3
 A. Cable Jacket Removal Tools 3
 B. Wire Insulation Removal Tools 19
 C. Insulation Removal Tool Supplier Part Numbers 54

WTC	Wire Size (AWG)		Insulation Removal Tool
	Minimum	Maximum	
HE	24	16	ST2222-42
	14	10	ST2222-43

(4) 查找接线片的 CAU。

在 SWPM 20-30-22 中查询 AWG 为 12 的导线对应的 CAU 为 59。

1. CIRCULAR AREA UNITS 1
 A. Circular Area Units of Conductors 1
 B. Circular Area Units of Terminals 3
 C. Circular Area Units of Splices 5
 D. Circular Area Units of Adapters 6

Wire Size (AWG)	Conductor		
	Type	Maximum O.D. (inch)	CAU
16	Solid	0.051	24
	Stranded	0.059	24
15	Solid	0.057	33
	Stranded	0.065	33
14	Solid	0.064	38
	Stranded	0.074	38
13	Solid	0.072	52
	Stranded	0.082	52
12	Solid	0.081	59
	Stranded	0.093	59

(5) 根据基本件号 BACT12M ( ) 和 CAU 为 59、接地桩为 10＃，即可确定接线片的件号。在 SWPM 20-30-11 的 PART NUMBERS AND DESCRIPTION 中找到 BACT12M ()，CAU 为59、接地桩为 10＃的接线片件号为 BACT12M140。

1. **PART NUMBERS AND DESCRIPTION** 1

A. General Data 1

B. BACT12AC General Purpose Terminal Lugs 4

C. BACT12AL General Purpose Terminal Lugs 10

D. BACT12AR Restrictive Entry Terminal Lugs 12

E. BACT12AV Solid Nickel High Temperature Terminal Lugs 16

F. BACT12E 90 Degree Upright Terminal Lugs 17

G. BACT12G and Burndy YBM Series Flag Terminal Lugs 19

H. BACT12M and 280U0010-1 Nickel Plated High Temperature Terminal Lugs 20

Crimp Barrel Size	CAU Range		Stud Hole Size	Boeing Standard
	Minimum	Maximum		
22 - 18	7	24	4	BACT12M2
			6	BACT12M130
			10	BACT12M4
			1/4	BACT12M5
16 - 14	15	51	4	BACT12M7
			6	BACT12M147
			8	BACT12M173
			10	BACT12M198
			1/4	BACT12M8
			3/8	BACT12M148
12 - 10	43	138	6	BACT12M139
			10	BACT12M140
			1/4	BACT12M141
			5/16	BACT12M144
			3/8	BACT12M145

(6) 查询接线片压接工具。在 SWPM 20-30-11 的 ASSEMBLY OF TERMINAL LUGS 中找到 BACT12M () 和 AWG 为 12 对应的压接工具有很多，从中选择一种即可。

ASSEMBLY OF TERMINAL LUGS **38**

A. Crimp Tool Power Pumps and Heads 38

B. Crimp Tools with an Insulation Crimp Adjustment 40

C. Assembly of a Cable Shield in a Terminal Lug 40

D. Assembly of BACT12AC Terminal Lugs 48

E. Assembly of BACT12AL Terminal Lugs 52

F. Assembly of BACT12AR and Other Restrictive Entry Terminal Lugs 54

G. Preparation of Cable Type 9U (BMS 13-67 Type 2, Class 1) for Terminals 32189(), 323749 and 323750 61

H. Preparation of Cable Type 9U (BMS 13-67 Type 2, Class 1) for Terminals 32189(), 323749 and 323750 with a Shield Ground Wire 62

I. Assembly of BACT12AV and AMP Solid Nickel Terminal Lugs 63

J. Assembly of BACT12E 90 Degree Upright Terminal Lugs 67

K. Assembly of BACT12G and Burndy YBM Series Flag Terminal Lugs 71

L. Assembly of BACT12M, and 280U0010-1 Terminal Lugs 76

Crimp Barrel Size	Crimp Tool			
	Basic Unit	Holder	Head	Die
16-14	189721-1	356302-1	356744-2	-
	314590-()	-	-	314543-1
	314590-()	-	-	314543-2
	314700-()	-	-	314543-1
	314700-()	-	-	314543-2
	46988	-	-	-
	59294-()	-	-	-
	69010	-	45176	-
	W400-5060	-	-	16-14 AWG
12-10	314937-1	-	-	314915-1
	59461	-	-	-
	PHRPU2	-	PHST-59461	-

5）接线管信息与工具的查询

用接线管修理一根 AWG 为 18 的非油箱区域屏蔽导线。

（1）在 20-10-13 WIRE AND CABLE DAMAGE AND REPAIR CONDITIONS 中找到需要修理的屏蔽导线。

WIRE AND CABLE DAMAGE AND REPAIR CONDITIONS **9**

A. Unshielded Wire 9

B. Unshielded Cable 10

C. Shielded Wire 12

C. Shielded Wire

For the conditions that are applicable to the data in this paragraph, refer to Paragraph 1.A.

Repair is necessary when these types of damage occur:

- Damage to the conductor; refer to Paragraph 5.A.
- Damage to the primary insulation; refer to Paragraph 5.A.
- Damage to the shield is more than 1 inch in length or more than 25 percent of the circumference of the shield, and near the end of the wire; refer to Paragraph 6.A.
- Damage to the shield is more than 1 inch in length or more than 25 percent of the circumference of the shield; refer to Paragraph 5.A.
- Damage to the shield is less than 1 inch in length and less than 25 percent of the circumference of the shield; refer to Paragraph 6.C.
- Damage that goes through the jacket, but the shield has no damage; refer to Paragraph 3.B.
- Damage that goes into the jacket; refer to Paragraph 3.B.
- The bond between the overlaps of the tape of a jacket is broken for a length more than 50 percent of the diameter of the wire; refer to Figure 15 and Paragraph 3.C.
- Damage that goes into the insulation of the shield splice assembly, but the shield has no damage; refer to Figure 16 and Paragraph 3.F.

Refer to Figure 14.

（2）点击 20-10-13 目录找到 5. A.，找到相关内容。

5. REPAIR OF SHIELDED WIRE AND SHIELDED CABLE WITH A SPLICE ASSEMBLY **52**
A. Repair of a Shielded Wire with a Splice Assembly 52

Refer to Paragraph 1.E. for the applicable conditions for the repair of wire with a splice.

(1) Remove the damaged length of the shielded wire.

(a) On one side of the damage, cut the shielded wire.
Make sure that the end of the shielded wire is perpendicular to the longitudinal axis of the wire.

(b) On the other side of the damage, cut the shielded wire.
Make sure that the end of the shielded wire is perpendicular to the longitudinal axis of the wire.

(2) Clean the jacket with isopropyl alcohol.
Make sure:
- To clean the area from the end of each wire to a minimum of 3 inches from the end.
- That the cleaned area is dry.

(3) Assemble a sealed splice.
Refer to the selection of a sealed splice configuration in Subject 20-30-12.
Make sure that the configuration is applicable for the shielded wire.

（3）选择接线管（SPLICE）的构型。

① 根据 20-10-13/5. A（3）的描述，在 20-30-12 的目录中找到 Selection of a Sealed Splice Configuration 中与之相关的接线管构型有 3 个，从中任选一个。

1. GENERAL DATA **1**
A. Applicable Conditions for the Assembly of Splices 1
B. Assembly of Specified Splices 1
C. Selection of a Sealed Splice Configuration 2
D. Conductor CAU 4

C. Selection of a Sealed Splice Configuration

For the applicable splice assembly configurations for:
- Unshielded wire and unshielded cable, refer to Table 2
- Shielded wire and shielded cable, refer to Table 3.

Maximum Temperature Grade	Number of Shields	Shield Conductor	Applicable Area	Splice Assembly	
				Configuration	Reference
B	1	Flat	No Fuel Vapor	Solder Shield Splice Kit	Paragraph 14.A.
				Solder Sleeve Shield Splice	Paragraph 15.A.
		Round	Fuel Vapor	Mechanical Ferrule	Paragraph 10.A.
				Shield-Kon	Paragraph 12.A.
			No Fuel Vapor	Mechanical Ferrule	Paragraph 10.A.
				Shield-Kon	Paragraph 12.A.
				Solder Shield Splice Kit	Paragraph 14.A.
	2	Flat Inner, Round Outer	No Fuel Vapor	Solder Shield Splice Kit	Paragraph 14.A.
		Round Inner, Round Outer	Fuel Vapor	Mechanical Ferrule	Paragraph 10.A.
				Shield-Kon	Paragraph 12.A.
			No Fuel Vapor	Mechanical Ferrule	Paragraph 10.A.
				Shield-Kon	Paragraph 12.A.
				Solder Shield Splice Kit	Paragraph 14.A.

② 以选择 Solder Shield Splice Kit（屏蔽焊锡环）为例，在 20-30-12 的目录中找到 14. A.，得到确切的 SPLICE 的构型。

14. **SEALED SPLICE CONFIGURATIONS WITH SOLDER SHIELD SPLICE KITS FOR SHIELDED WIRE AND SHIELDED CABLE** 218

A. Splice Assembly Configurations 218

For the conditions that are applicable for:

- The repair of a wire or a cable with a splice, refer to Subject 20-10-13
- The selection of the correct sealed splice configuration, refer to Paragraph 1.C.

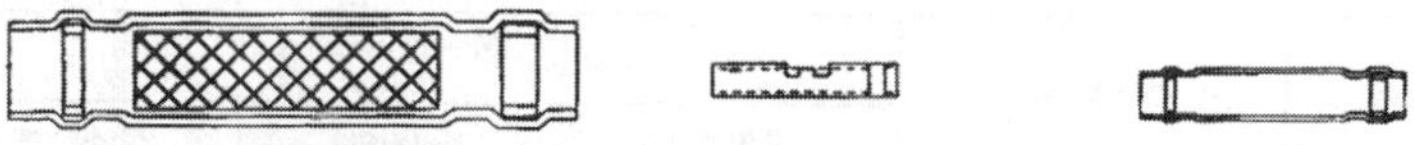

COMPONENTS OF THE RAYCHEM SOLDER SHIELD SPLICE KIT

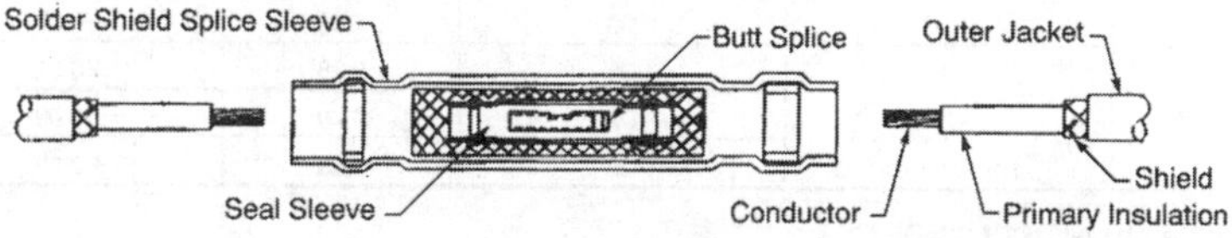

ASSEMBLY CONFIGURATION OF THE SOLDER SHIELD SPLICE

One End of Splice Assembly	Other End of Splice Assembly	Quantity of Conductor Splices	Paragraph
One Shielded Wire	One Shielded Wire	1	Paragraph 14.B.
	One Shielded Wire and One Wire	1	Paragraph 14.D.

③ 查找导线的 CAU 大小，并确定合适的 SPLICE 件号。在 SWPM 20-30-12 ASSEMBLY OF SPLICES 的 GENERAL DATA 中找到 AWG 为 18 的 Conductor CAU 是 19。

1. **GENERAL DATA** 1

A. Applicable Conditions for the Assembly of Splices 1
B. Assembly of Specified Splices 1
C. Selection of a Sealed Splice Configuration 2
D. Conductor CAU 4

Wire Size (AWG)	Circular Area Units (CAU)
32	0.6
30	1
28	1.6
26	3
24	5
22	8
20	12
18	19
16	24
14	38
12	59

④ 在 20-30-12 的目录中找到 14. B. 对应的页数（222），从而找到 SPLICE KIT 件号 D-150-0169 及施工尺寸。

Jacket Maximum O.D.	Shield Minimum O.D.	Conductor CAU Range		Solder Shield Splice Kit	
		Minimum	Maximum	Part Number	Supplier
0.12	0.06	3	15	D-150-0168	Raychem
0.15	0.08	8	27	D-150-0169	Raychem

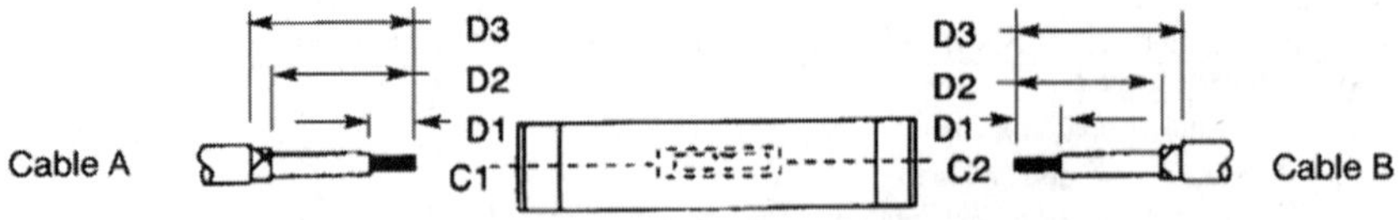

ONE SHIELDED WIRE TO ONE SHIELDED WIRE

Cable	Conductor	Trim Dimension (inch)		
		Dimension	Target	Tolerance
A	C1	D1	0.28	±0.02
		D2	0.70	±0.02
		D3	1.08	±0.02
B	C1	D1	0.28	±0.02
		D2	0.70	±0.02
		D3	1.08	±0.02

(4) 根据 SPLICE 的构型可以找到上述施工参数。

(5) 根据 SPLICE 的类型及大小查找压接工具

① 进入 20-30-12 PART NUMBERS AND DESCRIPTION-Sealed Splice Kit for Shielded Wire and Shielded Cable 中找到接线管 D-150-0169 的 Butt Splice、Sleeve 和 Solder Shield Splice 的件号，分别为 D-609-07、D-436-0098、D-155-0450。

3. PART NUMBERS AND DESCRIPTION 6
A. Closed End Splices 6
B. Insulated Butt Splices 8
C. Uninsulated Butt Splices 9
D. Seal Sleeves for Butt Splices 11
E. Sealed Splice Kits for Unshielded Wire and Unshielded Cable 13
F. Sealed Splice Kit for Shielded Wire and Shielded Cable 15

Splice Kit	Component	Quantity	Part Number	Supplier
D-150-0168	Butt Splice	1	D-609-06	Raychem
	Sleeve	1	D-436-0097	Raychem
	Solder Shield Splice	1	D-155-0350	Raychem
D-150-0169	Butt Splice	1	D-609-07	Raychem
	Sleeve	1	D-436-0098	Raychem
	Solder Shield Splice	1	D-155-0450	Raychem

② 查找 D-609-07 的 CAU 与 CRIMP BARREL 的对应关系。进入 20-30-12 PART NUMBERS AND DESCRIPTION-3. C. Uninsulated Butt Splices，可查到 D-609-07 的 CAU 范围为 8～27，与导线的 CAU（19）大小完全匹配。

CAU Range		Part Number	Crimp Barrel Size	Color Stripe	Supplier
Minimum	Maximum				
3	15	D-609-06	26-20	Red	Raychem
8	27	D-609-07	20-16	Blue	Raychem
23	67	D-609-08	16-12	Yellow	Raychem

③ 根据 D-609-07 和 CRIMP BARREL 的大小（20-16）可以查到接线管的压接工具。进入 20-30-12 TOOLS AND MATERIALS-Conductor Splice Crimp Tools，可以找到 D-609-07 的压接工具有 AD-1377、ST956C、ST956D，选择其中一个即可。同样，在 41 页中可以找到相应温度等级的热风枪。

4. **TOOLS AND MATERIALS** **22**

A. Conductor Splice Crimp Tools 22

B. Mechanical Ferrule Crimp Tools 27

C. Shield-Kon Crimp Tools 39

D. Hot Air Guns 41

E. Splice Assembly Materials 41

Crimp Barrel Size	Crimp Tool	
	Basic Unit	Nest
20-16	AD-1377	16-20
	ST956C	16-20
	ST956D	16-20

Type	Temperature Range (Degrees C)		Hot Air Gun			
	Minimum	Maximum	Basic Unit		Reflector	
			Part Number	Supplier	Part Number	Supplier
Standard Temperature	232	371	CV-5300	Raychem	MG-1	Raychem
	260	371	CV-5000 Model 500	Raychem	TG-135	Raychem
			CV-5000 Model 500B	Raychem	TG-135	Raychem
High Temperature	399	538	CV-5000 Model 750	Raychem	TG-33	Raychem
			CV-5000 Model 750B	Raychem	TG-33	Raychem

(6) 进入 20-30-12 的目录找到 14. A.，即可找到所有施工程序，具体内容请参阅 SWPM。

4. 结 束 工 作

(1) 保存文件，文件用“班级＋学号＋姓名＋查询信息”的方式命名。

(2) 清点设备，整理桌面。

(3) 清扫现场。

项目 2　导线与导线束的修理

2.1　导线与导线束的认知

2.1.1　导线的种类

如图 2-1 所示，安装在飞机电气设备上的电缆线一般有以下几种：

（1）包有绝缘材料的单实芯线和多芯线。

（2）两根或多根绝缘导线装于一根套管内（多线电缆）。

（3）两根或多根绝缘导线拧在一起（扭绞电缆）。

（4）一根或多根绝缘导线覆盖有金属编织的屏蔽（屏蔽电缆）。

（5）由一根绝缘的中央导线同一金属编织的外导体构成。在制作时，应严格控制中央导线和外导体的同心度，以保证同心。

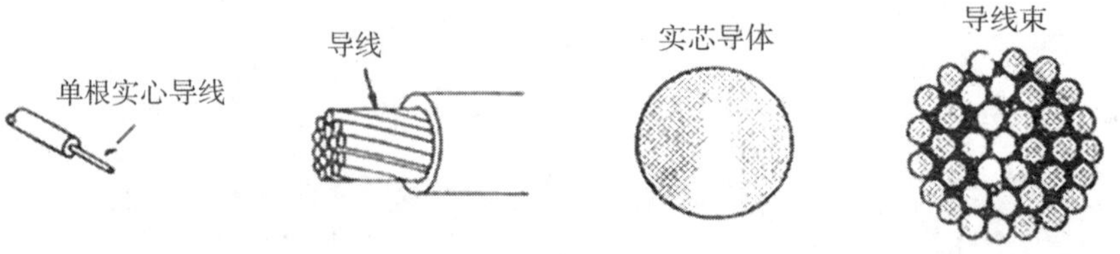

图 2-1　飞机导线示意图

2.1.2　导线的尺寸

导线的尺寸是按照 AWG（American Wire Gauge 美国导线规格）的标准制作的。导线规格号码越大，则其直径越小。如表 2-1 所示，最大导线尺寸的规格号码是 0000，较大和较小尺寸的导线通常不使用。一般来说，比 12 号大（包括 12 号）的导线用在强电系统，小于 26 号（包括 26 号）的导线一般用在电子系统。

表 2-1　导线的 AWG 号与导线面积对应关系表

美国导线规格（AWG）	直径	横截面积	
	mm	mm^2	in^2
0000	11.684	107.017	0.166 00
000	10.414	85.161	0.132 00
00	1.271	67.742	0.105 00
0	8.255	53.484	0.082 10
1	7.314	42.387	0.065 70
2	6.553	33.613	0.052 10
4	5.128	21.161	0.032 80
6	4.115	13.210	0.020 60
8	3.251	8.387	0.013 00
10	2.511	5.258	0.008 15
12	2.057	3.310	0.005 13
14	1.626	2.084	0.003 23
16	1.215	1.310	0.002 03
18	1.016	0.826	0.001 28
20	0.813	0.517	0.000 802 0
22	0.643	0.326	0.000 505 0
24	0.511	0.205	0.000 317 0
26	0.404	0.121	0.000 200 0
28	0.320	0.018	0.000 126 0
30	0.254	0.051	0.000 078 1
32	0.203	0.032	0.000 041 6
34	0.160	0.020	0.000 031 2
36	0.127	0.013	0.000 011 6
38	0.102	0.008	0.000 012 3
40	0.071	0.005	0.000 007 8

使用如图 2-2 所示的线规可以确定导线尺寸。测量时，应将裸导线嵌入线规槽口，与其直径刚好适应的最小槽口的线规号码即为导线的尺寸。槽口有平行边，不应与槽

口尾端的半圆形开孔相混淆。所有通过槽口的导线完全可在开孔中自由移动。

线规号码仅用于同导线直径相比较，但不是所有形式的导线或电缆都能用线规准确地测量。例如粗导线，为了增加其柔性，通常是用多股导线扭绞在一起的。

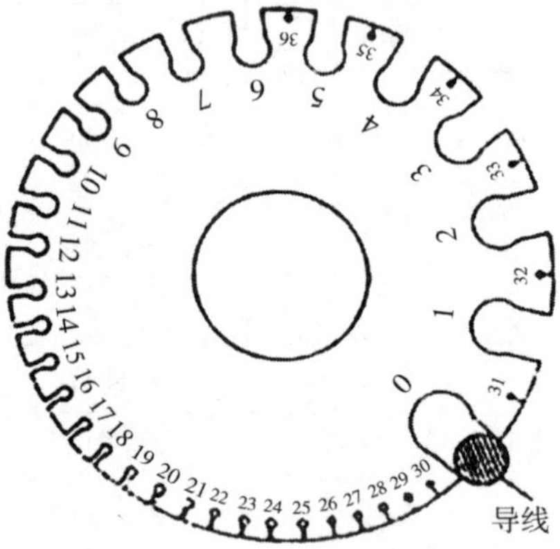

图 2-2　线规示意图

在这种情况下，总截面积由一根扭绞导线的截面积（当导线直径或线规号码已知时，通常以画半圆计算）与导线或电缆中扭绞导线根数的乘积来确定。

2.1.3　导线绝缘材料

绝缘材料（如橡胶、玻璃、石棉、塑料）有两个主要特性参数，绝缘电阻和绝缘强度。

绝缘电阻是对穿透和越过绝缘层表面漏电的阻力。绝缘电阻可用高阻表测量而不损坏绝缘层，这样得到的数据只能作为一般条件下确定绝缘材料的指标，而不能说明绝缘材料真实的情况。

绝缘强度是绝缘层耐电位差的能力和对电压的限度，在该电压下绝缘层会由于静电应力而损坏。最大绝缘强度值可用升高试验的电压直到绝缘层击穿的方法测量。

由于绝缘层损耗和变硬，以及导线工作在各种各样的物理和电气条件下，在设计承担某种工作的任何特殊类型的电缆时，仅使用其最小的绝缘值。

导线绝缘材料种类随绝缘形式而变化。采用橡胶、丝绸和纸的绝缘形式，已不再广泛应用于飞机系统了。现在较普遍使用的绝缘材料有乙烯树脂、棉织品、尼龙织品、聚四氟乙烯等。

2.1.4　导线的降压

对于飞机导线的压降，有以下几个要求：

(1) 从发电机或电瓶连到汇流条的主电源线，其降压不超过 2%。

（2）从发电机或电瓶的接地端到设备的接地端的导线电阻为 0.005 Ω 的导线符合要求。

（3）如果导线上的压降不超过限制值，导线也符合要求。

2.1.5　导线的选择

（1）当有电流流过时不会产生过大的电压降。

（2）当电流流过时不会产生过热。

（3）选择导线需要知道线长、流过的电流、允许的压降，还要考虑电流流过是间断的还是连续的。如果是连续的，这根导线是单独的还是在导线管里，或是在线束里。

2.1.6　导线与导线束的识别

1. 导线的分类

（1）美国标准分类：

① MIL-W 5086、7072、7131、16878、25038。

② MIL-C 7078。

③ BMS 13-××。

④ F/W48/111/2-20。

（2）导线件号的组成。导线件号的组成如图 2-3 所示。

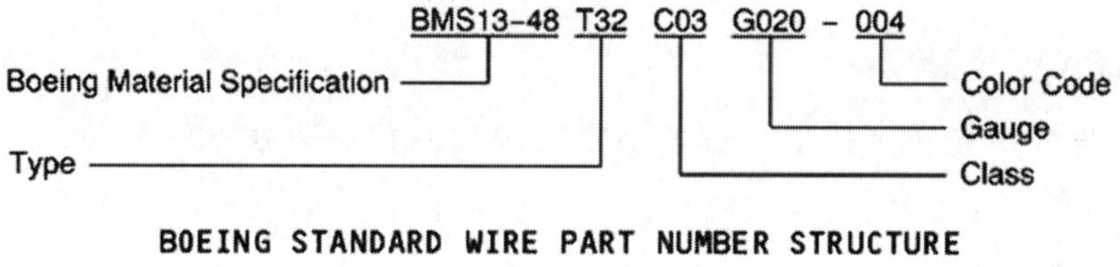

图 2-3　导线件号的组成示意图

其中，BMS 13-48 是基本件号，T 代表线的绝缘、屏蔽情况，C 代表线股数的多少，G 代表导线的尺寸（AWG）。

2. 导线束的识别

（1）导线和电缆的标记。在飞机所有系统中，每根导线和单芯电缆都有标记，这些标记使用特殊的打印机打在导线和电缆上，标记间隔为 6～12 in，导线束末端标记一般不超过 3 in，3 in 以下的导线束不做标记。

（2）标记形式。如图 2-4 所示，用导线识别码（W5612-0512-20）在导线束中识别导线，识别码标记通过查询 WDM 手册获得。

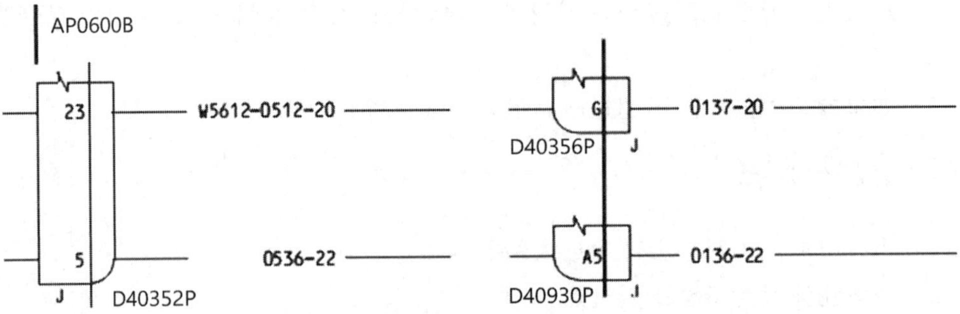

图 2-4　导线的标记示意图

3. 导线及导线束的查询

如已知线号，可以直接通过 WDM 的 WIRE LIST 查询，再通过相关图号查询线路图。例如：W1171-0461-22 为线路中一根导线，可通过 WDM 的 WIRE LIST 查询，如图 2-5 所示。

Bundle No.	Part Number				Description		From				To				
Wire No.	GA	CO	TY	Fam	FT-IN	Diagram	Equip	Term	Type	Splice	Equip	Term	Type	Splice	Effectivity
W1171	**286N1171**				**E2-1 INTEGRATION BUNDLE (continued)**										
0459	22		GA		3-7	34-45-01	D01583E	E07			GD01803	DC..	2		001-005, 007-008, 010-099, 101-199, 206-299
0459	24		GK		3-1	34-45-01	D01583E	E07			TB0201Y	A032	BJ		009
0460	24		GK		3-7	34-45-01	TB0201Y	A032	BJ		D00081E	E11			001-005, 007-008, 010-099, 101-199, 206-299
0460	24		GK		3-7	34-45-01	TB0201Y	A032	BJ		D00081A	REF	VP		009
0461	22		GA		3-10	34-45-01	D43003J	2			D01583E	F13			001-005, 007-008
0461	22		GA		3-7	34-45-01	D43003J	2			D01583E	F13			009-099, 101-199,

图 2-5　导线查询截图

4. 导线类型号码

（1）由导线型号和飞机型号按数字字母排列的数据表在 20-00-13 的 2. A.，如图 2-6和图 2-7 所示。

1. **GENERAL DATA** 1
   - A. Applicable Conditions for Wire Type Code Data 1
   - B. Wire Data 1
   - C. Wire Specification or Wire Part Number from the WTC 1
   - D. Wire Data from the Wire Specification or the Wire Part Number 1
2. **WIRE TYPE CODES AND WIRE PART NUMBERS** 2
   - A. Wire Type Codes 2
   - B. Wire Specifications and Wire Part Numbers 44
3. **ALTERNATIVE WIRES** 89
   - A. Applicable Conditions for Alternative Wire Data 89
   - B. Alternative Wire for a Specified Wire 89
   - C. Alternative Wires 89
4. **BOEING STANDARD WIRE PART NUMBERS** 104
   - A. Boeing Standard Wire Part Number Data 104

图 2-6　WTC 章节目录查询截图

Wire Type Code	7()7 Model Wiring Diagram Manual						Wire Specification or Part Number	Number of Conductors	Notes
	2	3	4	5	6	7			
01	2	3	-	-	-	-	BMS 13-8 Type I Class A	01	High Temperature
02	2	3	-	-	-	-	BMS 13-8 Type II Class A	01	Shielded, High Temperature
03	2	3	-	5	-	-	1-70436-1, TWA, MIL-W-16878D	26	-
04	2	3	-	5	-	-	1-70436-2, TWA, MIL-W-16878D	26	Shielded
05	2	3	-	5	-	-	T8/A	01	Coax
06	-	3	-	5	-	-	21-606, Aljak	01	Coax
07	2	3	-	5	-	-	21-607, Aljak	01	Coax
08	2	3	-	-	-	-	RG-8A, MIL-C-17	01	Coax
09	2	3	-	-	-	-	5021E1331, Raychem	01	Coax
0A	-	-	-	-	-	7	BMS 13-48 Type 15 Class 1	01	Shielded
0B	-	-	-	-	-	7	BMS 13-48 Type 15 Class 2	02	Shielded
0C	-	-	-	-	6	7	BMS 13-48 Type 15 Class 3	03	Shielded
0D	-	-	-	-	-	7	BMS 13-48 Type 15 Class 4	04	Shielded

图 2-7 导线型号查询截图

（2）由导线件号或说明和飞机型号按字母排列的数据表在 20-00-13 的 2. B. ，如图 2-8 所示。

Wire Specification or Part Number	Notes	Wire Type Code	Number of Conductors	7()7 Model Wiring Diagram Manual					
				2	3	4	5	6	7
001-BC-100/140/160PM, Northern Lights	Fiber Optic	F2	-	-	-	-	5	-	-
001-BC-HT-100/140/160PM, Northern Lights	Fiber Optic	F3	-	-	-	-	5	-	-
0024A0014, Raychem	Shielded, 100 ohm	8L	02	-	-	-	-	6	-
0024A0014, Raychem	100 ohm Balanced Line	EZ	01	-	3	-	5	-	-
08766/01147KE-3, Tensolite	-	A9	03	-	-	-	-	-	7
1-70436-1, TWA, MIL-W-16878D	-	03	26	2	3	-	5	-	-
1-70436-2, TWA, MIL-W-16878D	Shielded	04	26	2	3	-	5	-	-
1/0766/9D032E-6, Tensolite	Special BMS 13-35	TB	06	-	-	-	-	-	7

图 2-8 导线数据查询截图

（3）由给定的件号查询备用件号的数据表在 20-00-14 的 2. A. ，如图 2-9 所示。

1. **ALTERNATIVE WIRES AND CABLES** 1
A. Applicable Conditions for Wire Replacement 1
B. BMS 13-48 Wire Types 1
C. BMS 13-60 Wire Types 2
2. **REPLACEMENT OF STANDARD WIRE TYPES** 3
A. General Purpose Wire 3
B. High Temperature Wire Types 13

Specified Wire	Alternative Wire	
	BMS 13-48	BMS 13-60
BMS 13-10 Type I	BMS 13-48 Type 10	BMS 13-60 Type 1
BMS 13-10 Type III	BMS 13-48 Type 12	BMS 13-60 Type 2
BMS 13-10 Type IV	BMS 13-48 Type 12	BMS 13-60 Type 2
BMS 13-11 Type I	BMS 13-48 Type 10	BMS 13-60 Type 1
BMS 13-11 Type II	BMS 13-48 Type 10	BMS 13-60 Type 1
BMS 13-11 Type V	BMS 13-48 Type 12	BMS 13-60 Type 2
BMS 13-13 Type I	BMS 13-48 Type 10	BMS 13-60 Type 1
BMS 13-13 Type III	BMS 13-48 Type 12	BMS 13-60 Type 2
BMS 13-16 Type I	BMS 13-48 Type 10	BMS 13-60 Type 1
BMS 13-16 Type III	BMS 13-48 Type 12	BMS 13-60 Type 2
BMS 13-30 Type I	BMS 13-48 Type 11	BMS 13-60 Type 4

图 2-9　替代导线数据查询截图

2.2　导线与导线束终端的施工

2.2.1　导线绝缘层的剥除

1. 操作要点

导线绝缘层的剥线方法和要求可以参考 SWPM 20-00-15 章节。

几乎所有的导线和电缆都包裹着某种材料的绝缘层，为了进行导线连接，必须除去一部分绝缘层，以露出裸体导线。

铜导线剥皮的方法取决于导线的尺寸和绝缘层。表 2-2 列出了各种导线尺寸和绝缘层材料的铜导线剥皮器。

表 2-2　铜导线剥皮器

剥皮器	导线尺寸	绝缘层材料
舌刀	26-4 号	除石棉外
电动旋转切割机	26-4 号	全部
台钳	20-6 号	全部
手钳	26-8 号	全部
刀子	2-0000 号	全部

对铝导线剥皮，必须特别小心，线束的个别导线如果有划痕则很容易折断。

对任何型式的导线剥皮，通常要注意下面几点：

(1) 使用任一型式的导线剥皮器，都应握住导线，且使导线与切割刀口相垂直。

(2) 依照说明书仔细调节剥皮工具，避免划痕、切断或对线束的其他损坏，这对铅导线和小于 10 号的铜导线尤为重要。检查剥皮导线是否有损坏，如果线束的划痕或折断的数量大于说明书中规定的数量，则应割掉并重新剥皮（如果导线长度足够）或报废并更换新导线。

(3) 保证绝缘层割齐，没有绽裂或参差不齐的边缘，必要时，可加以修整。

(4) 保证从剥皮区域完整除掉绝缘层。某些型式的导线在导体和内绝缘层之间附有一层透明的绝缘层。如果有，也应除掉。

(5) 当用手钳除去长于 3/4 in 的绝缘层时，可分为两次或几次进行。

(6) 如果需要恢复原来的扭转和扭紧的线束，可用手或钳子重新扭绞线束。

2. 一般程序

手动剥线钳如图 2-10 所示。手动剥线钳可用于几乎所有型式的导线的剥皮。

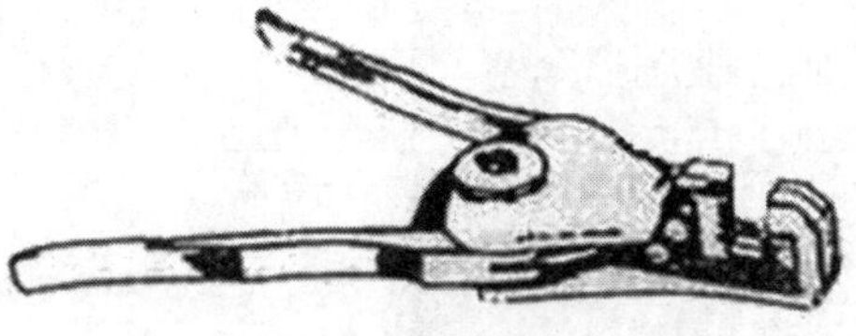

图 2-10　手动剥线钳示意图

用手动剥线钳对导线剥皮的一般程序，如图 2-11 所示。

(1) 把导线插入适合于剥皮导线尺寸的切割槽口内。每个槽口标记有导线尺寸。

(2) 握紧把柄，使把柄尽量合拢。

(3) 放松把柄，使导线夹持器重新张开。

(4) 移开剥好皮的导线。

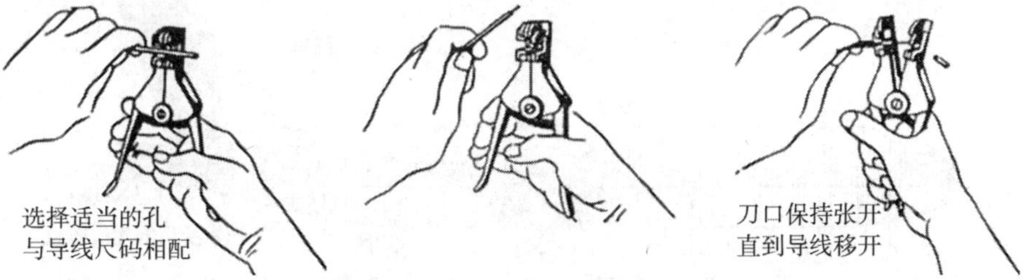

图 2-11　剥线方法示意图

3. 剥线要求

(1) 线芯束没有细线被割断。

(2) 没有被划伤（肉眼看不见）。

(3) 线芯束仍缠在一起，没有被分开。

(4) 剩余的绝缘层没有任何破裂。

(5) 剩余的绝缘层没有损坏而露出线芯。

2.2.2 导线束的捆扎

1. 飞机特殊区域

飞机高振动区域必须使用扎线捆扎。在热源、冷源、潮湿、油箱等有污染的系统周围区域，以及不正确安装造成的导线束损坏区域，也必须使用扎线捆扎。飞机高振动区域示意图如图 2-12 所示。

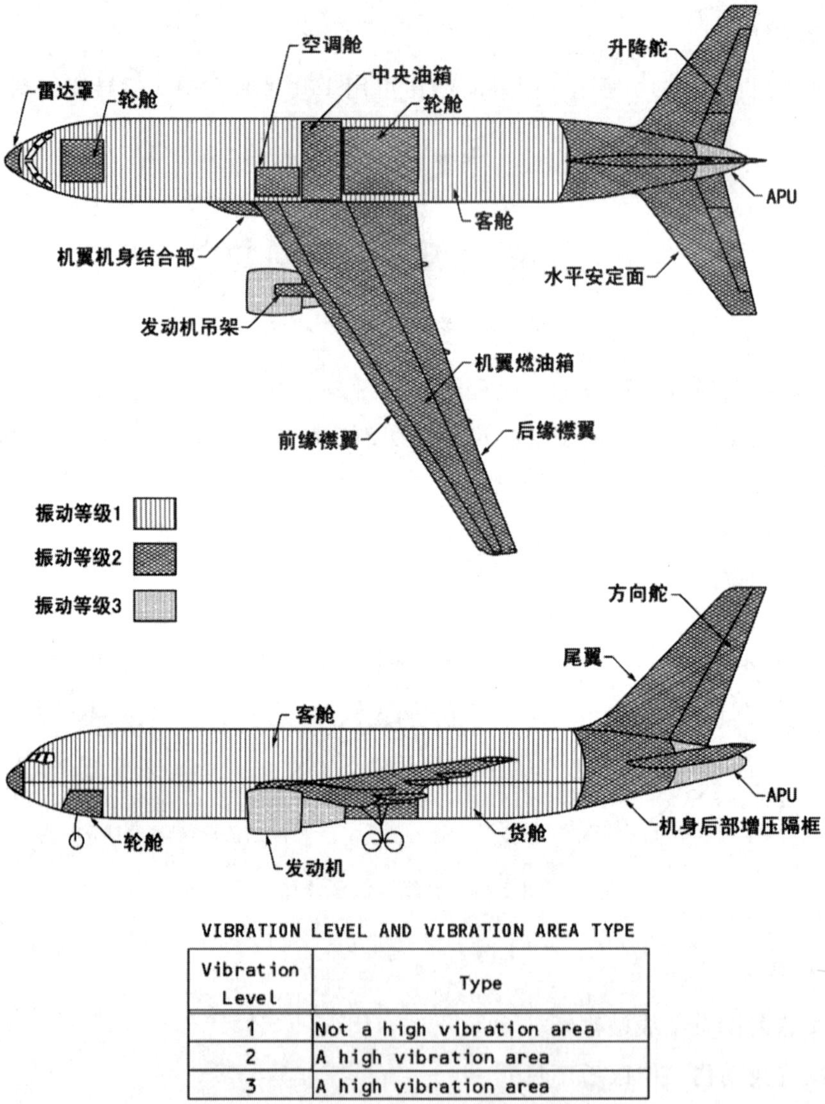

VIBRATION LEVEL AND VIBRATION AREA TYPE

Vibration Level	Type
1	Not a high vibration area
2	A high vibration area
3	A high vibration area

图 2-12 飞机振动区域示意图

2. 导线束的捆扎方法

1）飞机非高振动区的捆扎

在振动等级 1 级区域（增压区域）的导线束，可以使用直角结捆扎方法和平结捆扎方法。如图 2-13 所示，捆扎扣的间距是导线直径的 1.5～2.5 倍，捆扎线留头 0.125～0.5 in。

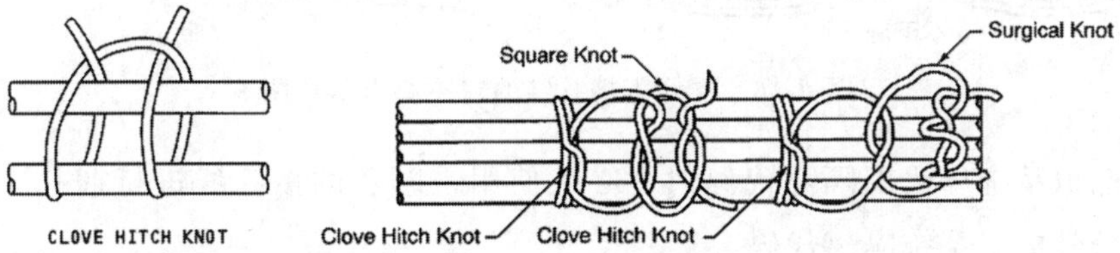

图 2-13 非高振动区捆扎方法示意图

2）导线束在振动等级 2 级和 3 级的捆扎方法

在振动等级 2 级区域（高振动区域）和振动等级 3 级区域（高温高振动区域）的导线束，必须使用防滑直角结对导线束进行捆扎，如图 2-14 所示。

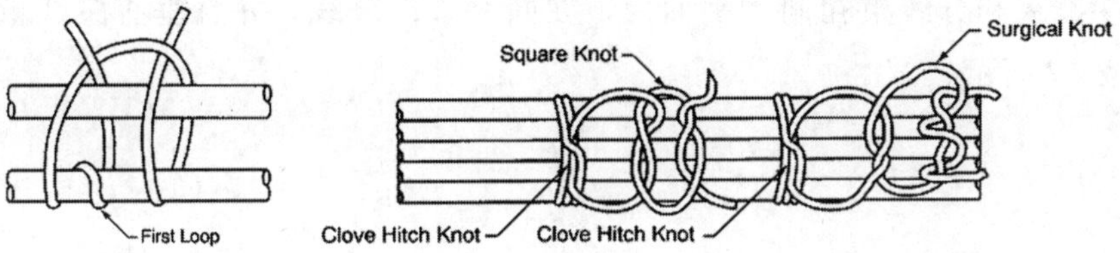

图 2-14 导线束在振动等级 2 级和 3 级的捆扎方法示意图

防滑结中的导线尽量选择导线束的最外圈导线，最多可以取导线束总根数的 1/3，最少取 1 根。

在振动等级 2 级和振动等级 3 级区域，捆扎扣的间距是导线束直径的 1.5～2.5 倍，导线束捆扎扣间隔不能超过 2 in，捆扎线留头 0.25～0.5 in。在发电机电源馈线或导线束直径大于 1.5 in 时要使用双结，如图 2-15 所示。所谓双结就是在同一位置捆两个结。需要对导线束上的标签进行固定时，导线束捆扎结不能位于导线束标签位置。如果需要在导线束上安装防护胶带再进行捆扎，应确保捆扎后导线束的直径大于导线束的实际直径。

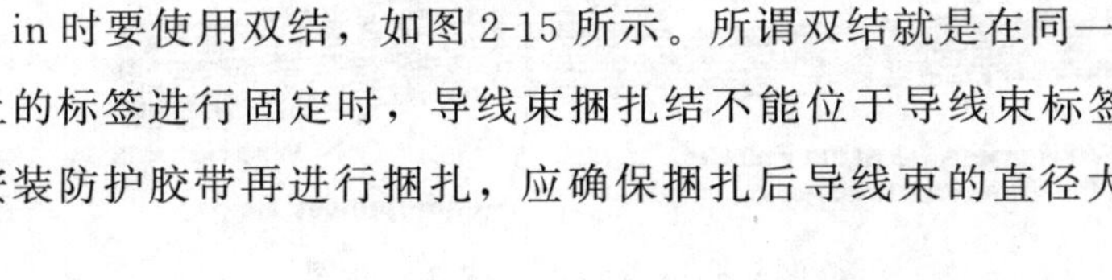

图 2-15 导线束在振动等级 2 级和 3 级的捆扎要求示意图

被捆扎的导线束内部导线/电缆必须相对平行，不能出现交叉现象，否则会造成导线/电缆的损伤，如图 2-16 所示。导线束捆扎扣必须绷紧，导线/电缆的外层绝缘不能出现变形。捆扎扣不允许系在被修理的导线或电缆绝缘层位置。对于 AWG 16 号线或更细的导线，需要在接线管上使用防护套管或绝缘套管进行防护后再进行捆扎。

图 2-16　导线束捆扎结的安装要求示意图

需要标识系统导线束隔离代码时，必须使用带颜色的捆扎线进行捆扎，不允许使用带黏性胶带标识系统隔离代码。

在非增压区域，如果需要使用塑料扎带替代，必须在每个塑料扎带位置使用防护胶带进行防护，不允许使用带黏性胶带将多束导线束捆扎在一起，在屏蔽电缆的地线上可以使用捆扎扣捆扎，导线束捆扎结不能处于导线束与绝缘套管或导线束与防护套管之间。

3）分线束的捆扎

确保主线束和分线束在同一平面内，在同一方向分线，并且垂直主线束，尽量平行，如图 2-17 所示。

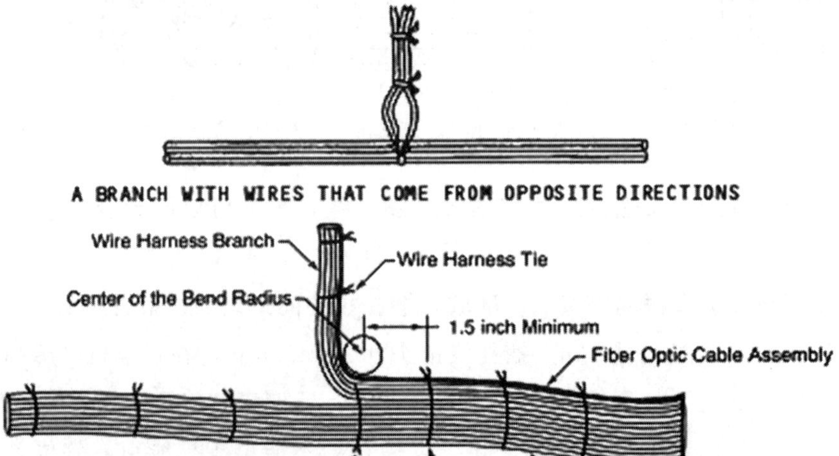

图 2-17　分线束的捆扎示意图

4）扎带的用法

塑料扎带只能在飞机的增压区域且温度等级为 A 和 B 的区域内使用。在飞机的燃油箱区域、非增压区域、高振动区域、温度等级为 C 和 D 的区域、容易磨损的区域、机械传动区域禁止使用塑料扎带捆扎导线束。

当区域温度在－55～130 ℃时，应根据所捆扎导线束的直径来选用塑料尼龙扎带的尺寸。塑料扎带的颜色有黑色、红色、绿色、蓝色和自然色等多种颜色，在飞机上只使用黑色、绿色、自然色这几种颜色的扎带。

在安装塑料扎带的过程中应使用扎带枪，先根据导线束直径选择塑料扎带的型号，再根据塑料扎带的型号选择扎带枪的件号。扎带枪使用前必须调节挡位，以确保用合适的力度捆扎导线束。扎带枪力度过大，会损坏塑料扎带头或损坏导线；扎带枪的力度过小，会导致导线束松脱等现象。如果由于某些原因无法使用扎带枪，可以人工拉紧扎带。

扎带枪有 GS2B、GS4H、GTH、GTS、MARKIII 或者 MK3SP、MK7、MK9、P46 和 WT193 等，常用的扎带枪如图 2-18 所示。

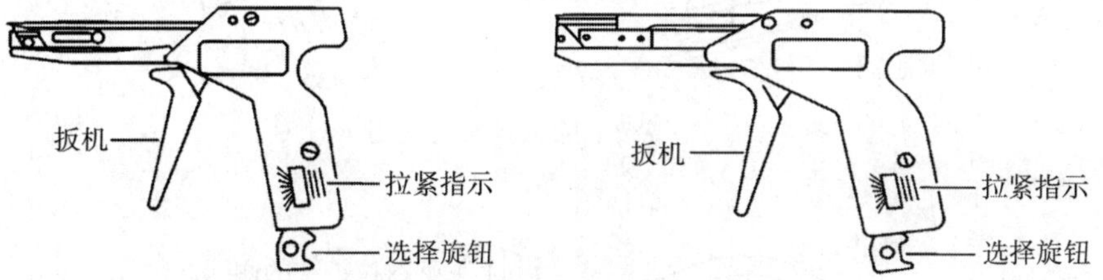

图 2-18　常用的扎带枪示意图

扎带枪在使用之前必须调节。根据使用的扎带，调节扎带枪的挡位或者紧度。根据塑料扎带的宽度，选择扎带枪的不同调节挡位，给扎带施加不同的力。具体操作过程如图 2-19 所示。

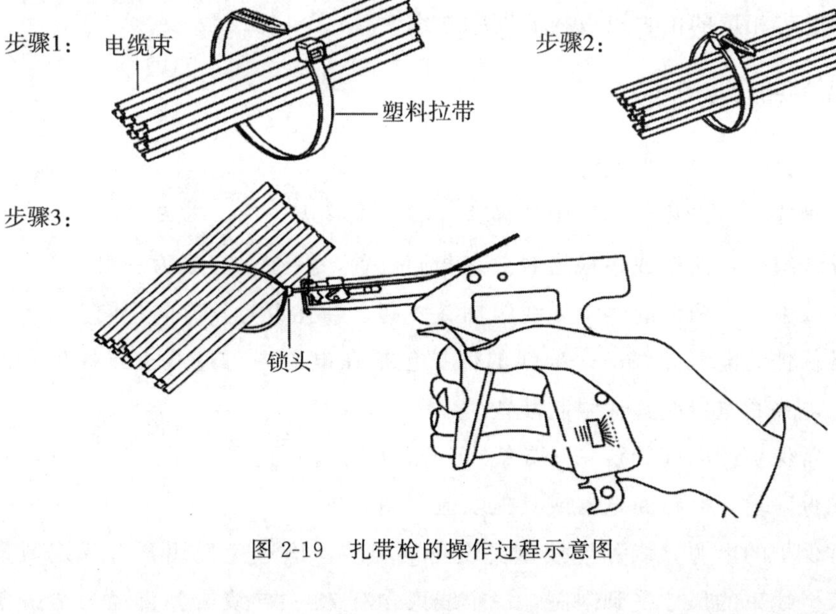

图 2-19　扎带枪的操作过程示意图

在实际维修工作中，如果没有扎带枪，可以使用尖嘴钳替代，塑料扎带拉紧后最多留出 0.01 in。扎带结末端不能留有非常锋利的扎带末端，否则容易使维护人员受到伤害。

塑料扎带结必须使用塑料扎带结拆除工具去除，按照塑料扎带的件号选择塑料扎带结的拆除工具，如图 2-20 所示。如果没有相应的拆除工具，也可以使用剪钳来替代。将剪钳的钳口塞进塑料扎带结的左侧，合拢剪钳手柄，再将剪钳逆时针翻转，完成塑料扎带结的拆除，如图 2-21 所示。

图 2-20　扎带结去除工具及其使用示意图

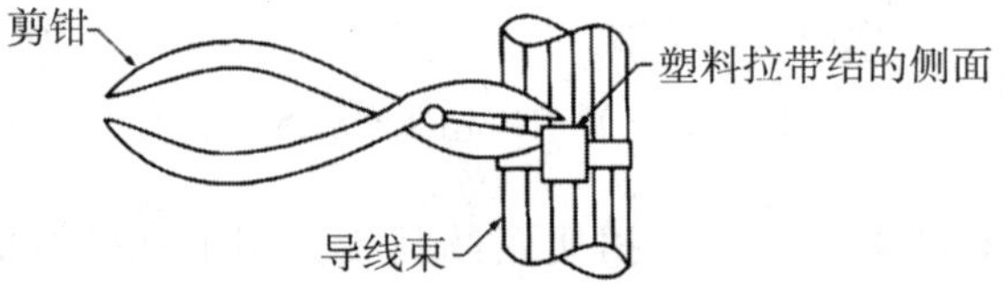

图 2-21　剪钳去除扎带结的操作示意图

塑料扎带结必须远离同轴电缆。如果同轴电缆在导线束中心，不需要移动塑料扎带结，塑料扎带相反的位置可以挨着同轴电缆。

2.2.3　电气导线的安装

为了便于讨论，应用下列定义：

（1）开导线——未装入导管中的导线、线组或线束。

（2）导线组——两根或多根导线放在相同位置，捆在一起成为一组。

（3）导线束——两个或多个导线组捆在一起，捆扎带与其方向相同。

（4）常保护的电气导线——导线的保护包括在电路内对过载进行保护，保护装置有保险丝、电路断电器或其他限制装置。

（5）不常保护的电气导线——导线（一般从发电机到主汇流条的分电点）没有保护装置，如保险丝、电路断电器或其他电流限制装置。

对不常保护的电源导线和连接重要设备的导线，应避免使用含有一定数量导线的线组或线束。线束的尺寸受到限制，一个线束含有 75 根导线或其直径为 2 in 则是可用的。在接线盒、终端接线柱、配电板等上面组合线束时，一个线束中各线组的捆扎如图 2-22 所示。

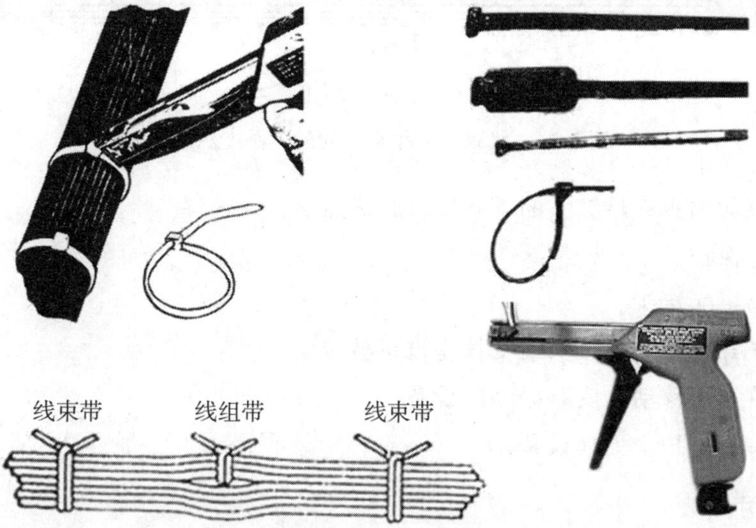

图 2-22　线组和线束的捆扎和工具示意图

1. **绞合线**

有些工程上规定，平行导线必须扭绞。如磁罗盘或流量阀附近的导线、三相配电系统的导线以及其他某些导线（通常为无线电导线）。

绞合线是相互扭绞的导线。导线扭绞之后，要检查其绝缘层是否损坏。如果绝缘层有划痕伤，则应更换导线。

2. **线束的拼接**

线组或线束应在固定部位拼接，同时应该交错拼接，如图 2-23 所示，这样可使线束不过分扩大。所有非绝缘的拼接头，应该包裹塑料，并紧固地捆在两尾端上。

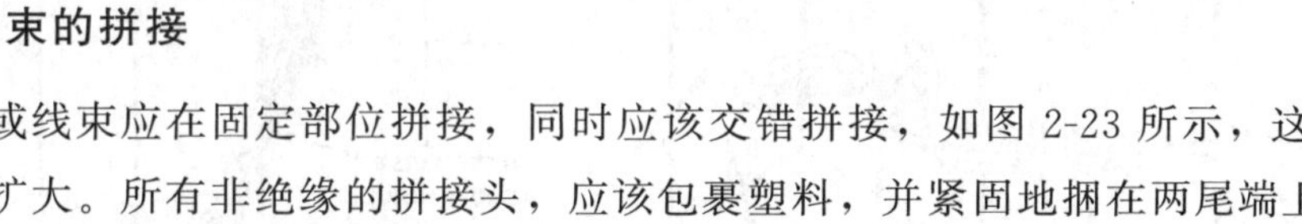

图 2-23　线束的交错拼接示意图

3. **线束的下垂度**

单根导线或线束的安装不应该下垂过大，支撑点之间的正常下垂度不超过 1/2 in，这是用正常手力压导线可能达到的最大值。不过，在线束较细和支撑点相隔较远的情况下，最大的下垂度也可以超过正常值，但下垂度不应该大到使线束与任何表面接触而擦伤。图 2-24 表示线束的合适下垂度。

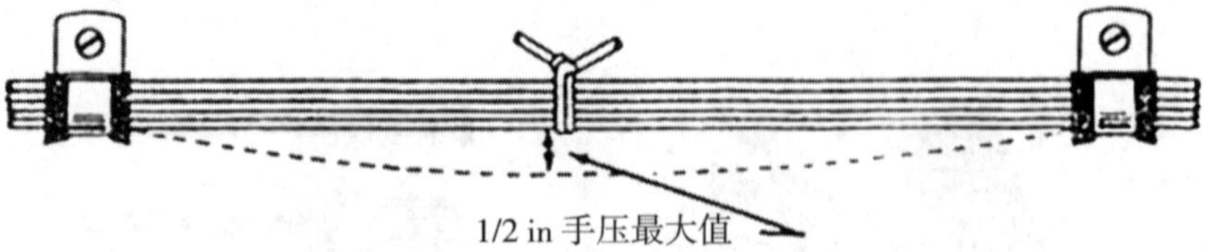

图 2-24　线束在支撑点之间的下垂度示意图

靠近线束的端头有足够大的下垂度，其优点是：

（1）容易保护。

（2）容易更换接头。

（3）防止导线、导线接头或支撑座被机械拉紧。

（4）允许自由移动和安装振动的设备。

（5）允许在维护中更换设备。

4. 弯曲半径

线组或线束的弯曲半径应该不小于线组或线束外直径的 10 倍。在接线片上，由于导线被适当地支撑着，在正常情况下允许每个端头上最小的弯曲半径为导线或线束外直径的 3 倍。某些形式的电缆，如同轴电缆不应该使其弯曲半径小于外直径的 6 倍，如图 2-25 所示。

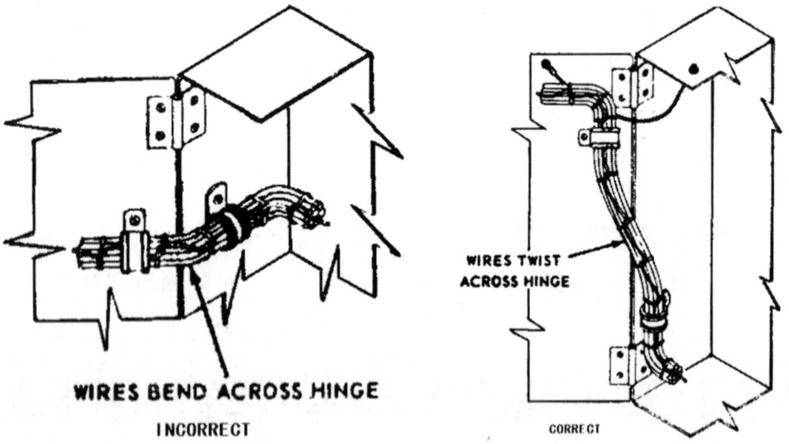

图 2-25　线束在铰链处的安装示意图

5. 铺线和安装

所有的导线都要求安装整齐。导线和线束应该平行铺放，在桁条或翼肋区域应成直角，同轴电缆除外，同轴电缆要铺得尽可能直，如图 2-26 所示。

导线沿其长度必须有足够的支撑点，防止非支撑长度的过分振动。

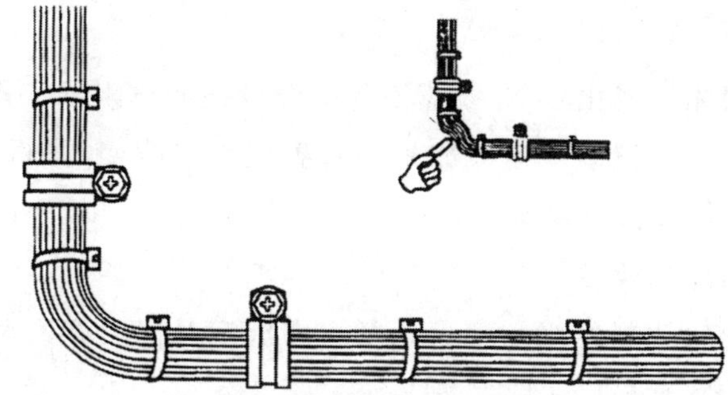

图 2-26　导线的弯曲示意图

所有铺放和安装的导线和线组，应使其避免下列情况：

(1) 摩擦或磨损。

(2) 高温。

(3) 用在支撑行李和设备的部位。

(4) 因机内人员走动造成损坏。

(5) 因贮存或移动货物造成损坏。

(6) 因电瓶酸蒸发、喷溅或溢出造成损坏。

(7) 因溶剂和液体造成损坏。

6. 对摩擦的防护

安装导线和线组时，与尖砺表面相接触的区域，应对导线和线组进行保护，以免摩擦或磨损，损坏绝缘层。绝缘层的损坏可能引起短路，使设备工作不正常或发生事故。在导线穿过隔框孔时，应用电缆夹子支撑线束，如图 2-27 所示。如果导线与孔边小于 1/4 in，则应用合适的护孔环。

有时为了便于安装，需要用尼龙或橡皮切割护孔环，嵌入之后，再用普通的胶合剂使护孔环牢固地定位，在孔的上部应保持有缝隙。切割护孔环时，应沿孔的轴向呈 45°。

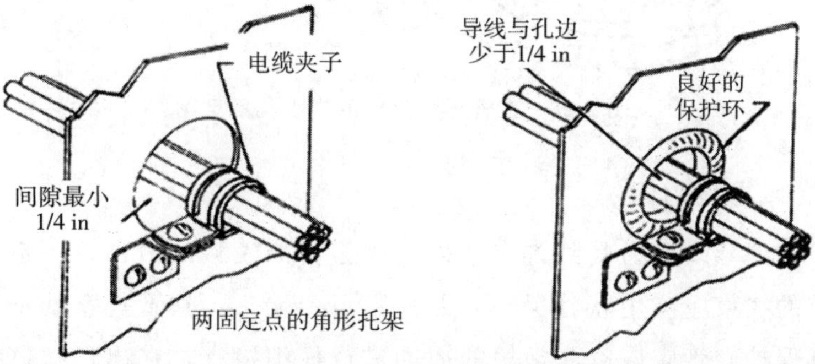

图 2-27　在隔框孔上的电缆夹子和护孔环安装示意图

7. 对高温的防护

为防止绝缘层损坏（老化），导线应该与高温设备如电阻器、排气管、热管道等隔开。隔开的距离通常由工程图规定。如果一些导线不能改变方向，一定要通过过热区域时，这些导线必须用高温绝缘材料绝缘，如石棉、玻璃或者聚四氟乙烯。低温绝缘导线不能用来更换高温绝缘导线。

许多同轴电缆用软塑料绝缘，如聚乙烯，在温度升高时容易发生变形。在安装这些电缆时，应该避开所有高温区域。

另外，用石棉捆绕的导线应该用导管进行磨损保护。装入导管之前，石棉导线应先装在高温橡胶衬套或专门的高温塑料管套中。

8. 对溶液和液体的防护

安装导线时，应避开遭受液体损害的区域。除必要的接头外，导线最低放置位置应距飞机壳体 1 in。没有尼龙外套保护的导线有可能浸泡于液体时，应该用塑料管加以保护。塑料管应该在两个方向伸出浸泡区域，并在每个端头扎紧。如果导线在管端头之间有一低点，则应有一个 1/8 in 的排水孔，如图 2-28 所示。安装完毕后，用冲孔器在低点的地方切割一个半圆孔，穿通管子。在使用冲孔器时应小心，不要损坏管内的任何一根导线。

导线的铺放不应低于电瓶，所有电瓶附近的导线都应经常检查。由于电瓶熏蒸而使导线变色时，则应更换。

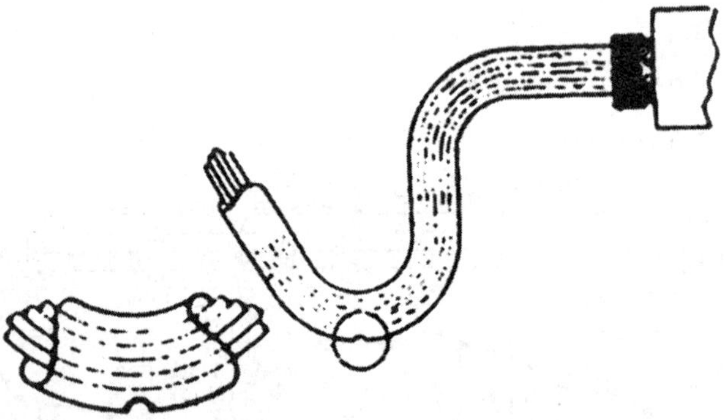

图 2-28　在管子低点处的排水孔示意图

9. 轮舱区域导线的保护

位于轮舱中的导线容易受到许多意外的损害，如喷溅的液体、压折和使用中的严重拐折。所有的线束应该用软管保护，并扎紧每个端头，软管扎紧处不应该存在相对移动。导线和保护套管应该以非常短的周期进行仔细检查，在出现摩擦痕迹时应该更换。当导线所在机构的零件全伸长时，导线不应拉紧，但是垂度也不应过大。

10. 铺线保护措施

当铺线线路必须在短距离上同燃料管或氧气管线平行时，必须使其尽可能地分开。导线应与管路在同一水平或在管路上面。导线夹子的配置应该保证导线在夹子处折断时，导线不会与管路接触。如果相隔不能达到 6 in，线束和管路可支撑在同一结构，以防止其相对移动。如果相隔小于 2 in 而大于 1/2 in，两个夹子背对背使用，仅保持其刚性分开而不支撑线束，如图 2-29 所示。在线束与管路距离小于 1/2 in 时，则不能铺线。不论是导线或线束，都不应支撑在输送易燃液体或氧气的管路上。

铺设的导线与操纵钢索至少要保持 3 in 的间隙。如果不能做到这一点，要安装保护罩，以防止导线和操纵钢索接触。

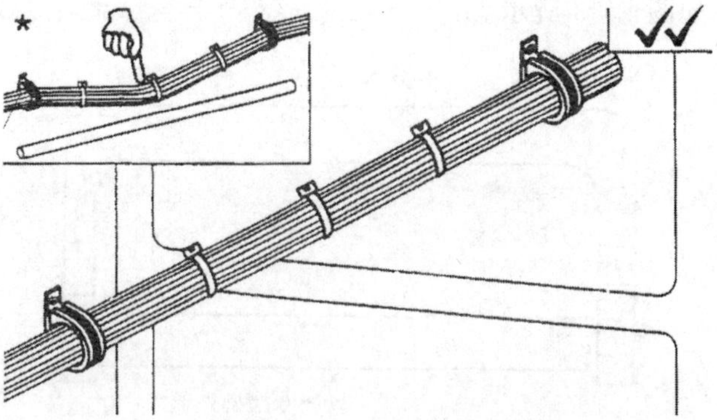

图 2-29　导线与垂直管路、隔框的安装示意图

11. 电缆夹子的安装

1）电缆夹子的认知

287T0011 和 BACC10DK 环型夹子一般用于导线束或电缆的直径小于 1.25 in，环境温度等于或小于 135 ℃的区域。287T0011 和 BACC10DK 环型夹子示意图如图 2-30 所示。

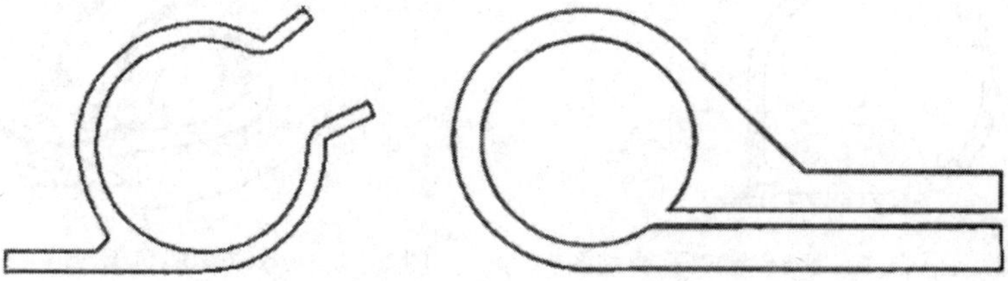

图 2-30　287T0011 和 BACC10DK 环型夹子示意图

69B90438 块型夹子主要用于吊架吊舱等容易发生液体泄漏的区域。69B90438 块型夹子示意图如图 2-31 所示。

BACC10BU 环型夹子主要用于非增压区域和高振动区域。BACC10BU 环型夹子示意图如图 2-32 所示。

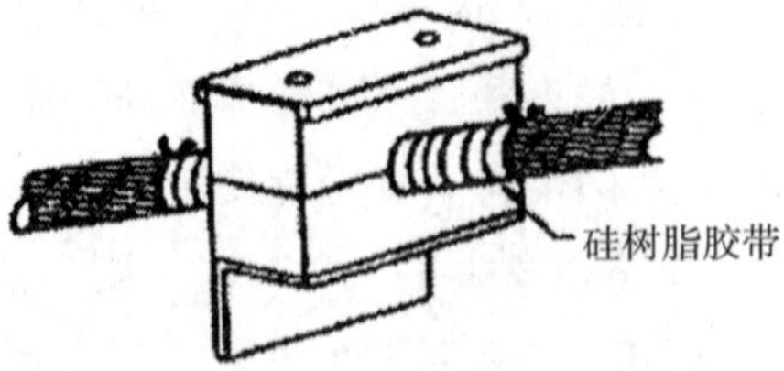

图 2-31　69B90438 块型夹子示意图

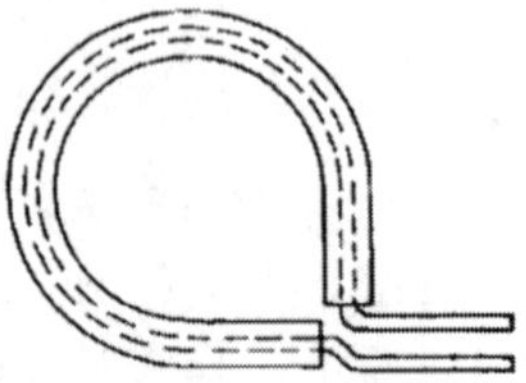

图 2-32　BACC10BU 环型夹子示意图

BACC10DR 和 BACC10DS 水槽型夹子只能用于飞机增压区域内的导线束和电缆。水槽型夹子示意图如图 2-33 所示。

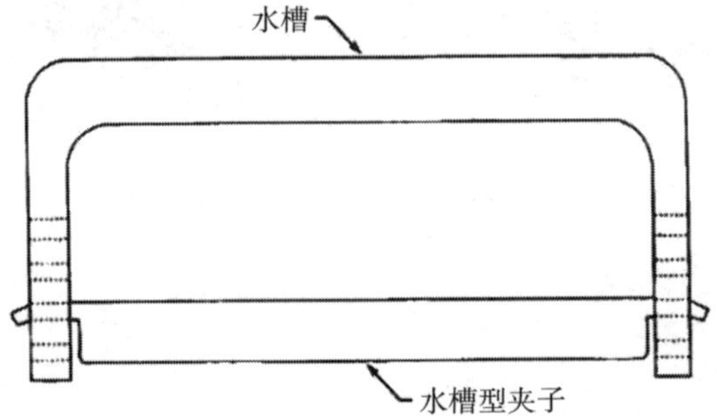

图 2-33　水槽型夹子示意图

BACC10GE 环型夹子一般用于飞机的增压区域、非增压区域和高振区域，导线束和电缆的直径小于 1.25 in，环境温度等于或小于 135 ℃的区域的配电板和设备架。BACC10GE 环型夹子示意图如图 2-34 所示。

BACC10GU 环型夹子主要用于飞机的非增压区域导线束/电缆。BACC10GU 环型夹子示意图如图 2-35 所示。

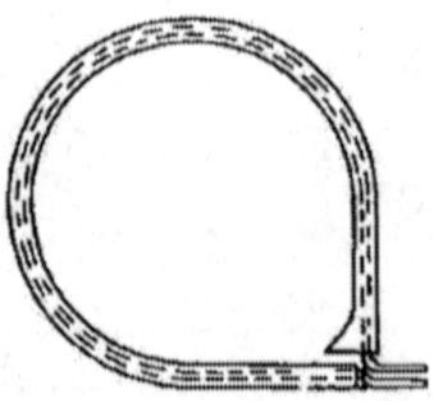

图 2-34　BACC10GE 环型夹子示意图

图 2-35　BACC10GU 环型夹子示意图

BACC10HS 环型夹子用于飞机的高温和高振动区域，如发动机和起落架区域。BACC10HS 环型夹子示意图如图 2-36 所示。

BACC10JU 环型夹子用于飞机的非增压区域。BACC10JU 环型夹子示意图如图

2-37所示。

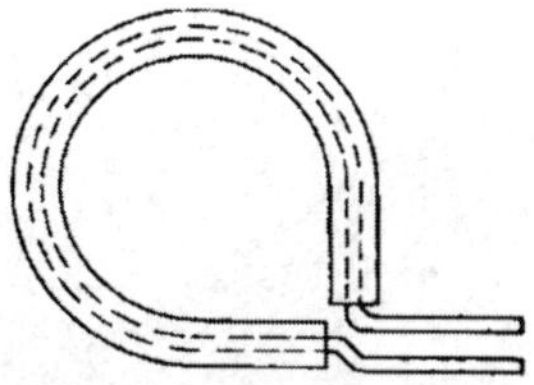

图 2-36　BACC10HS 环型夹子示意图

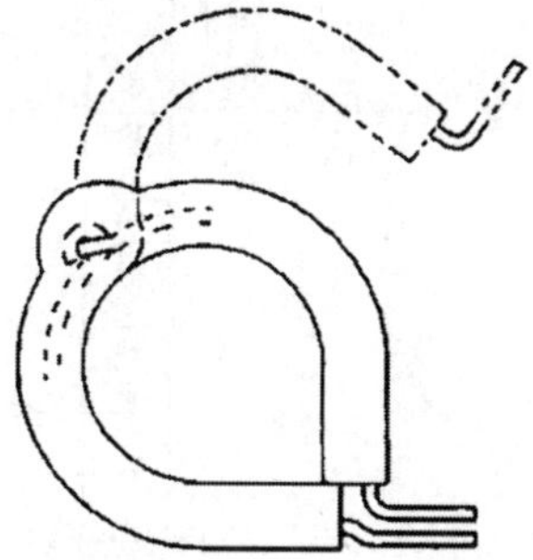

图 2-37　BACC10JU 环型夹子示意图

BACC1DKL 三角型夹子用于飞机的机翼前缘和高振动区域的发电机电源馈线。BACC1DKL 三角型夹子示意图如图 2-38 所示。

TA025041 环型夹子主要用于飞机的高温和高振动区域。TA025041 环型夹子示意图如图 2-39 所示。

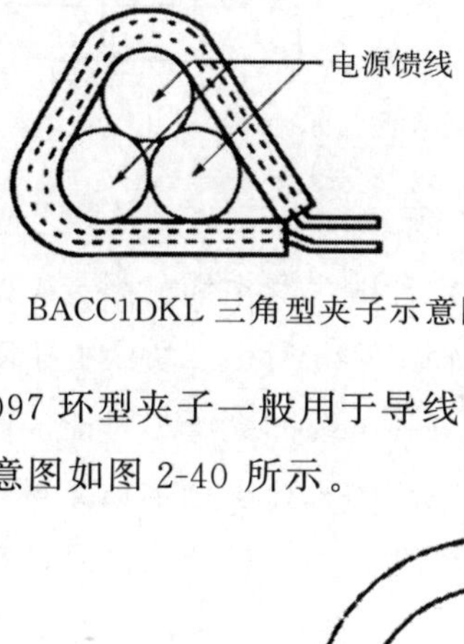

图 2-38　BACC1DKL 三角型夹子示意图

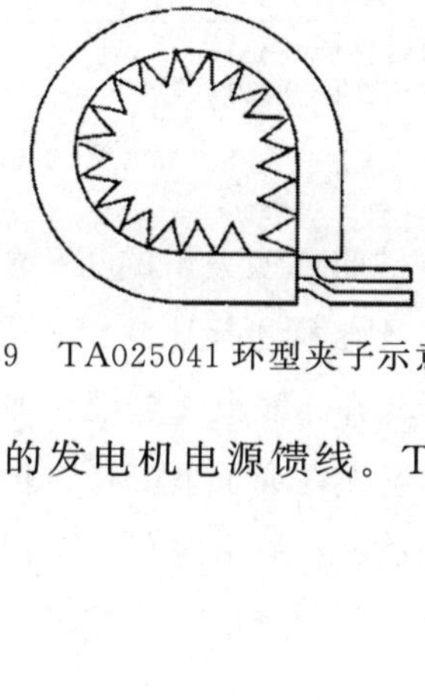

图 2-39　TA025041 环型夹子示意图

TA025097 环型夹子一般用于导线等于或大于 3 根的发电机电源馈线。TA025097 环型夹子示意图如图 2-40 所示。

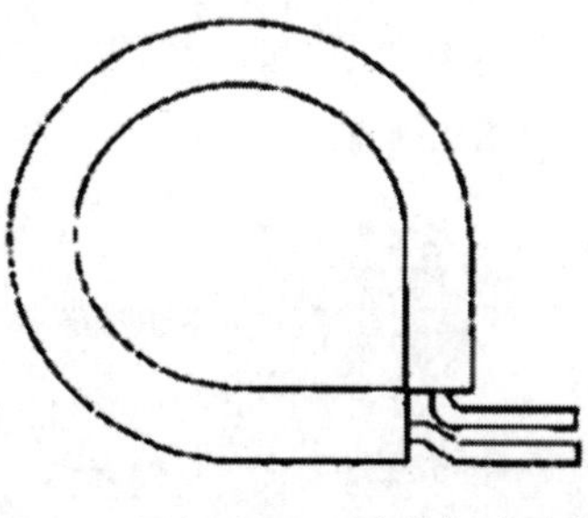

图 2-40　TA025097 环型夹子示意图

2）电缆夹子的选用与安装

根据安装环境确定导线束和电缆夹子后，还要选择电缆夹子的尺寸。夹子尺寸使用如图 2-41 所示的 ST2323B 颜色代码指示工具来测量，也可以采用相同类型的工具替代。

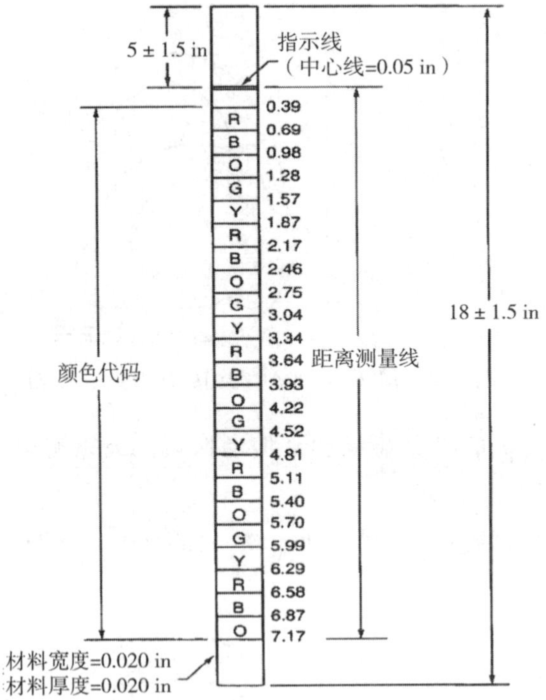

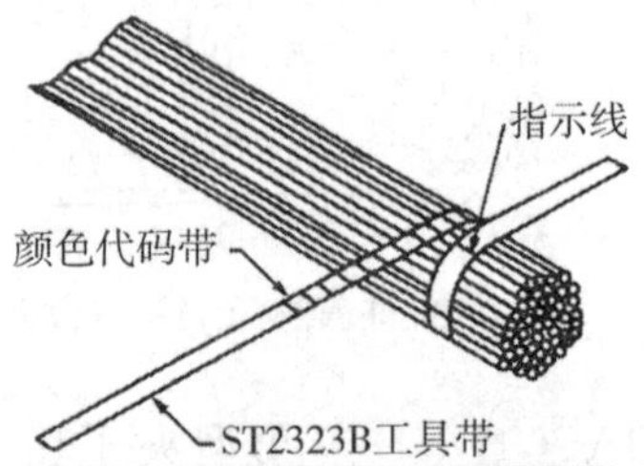

代码	颜色
R	红色
B	蓝色
O	橙色
G	绿色
Y	黄色

图 2-41　ST2323B 颜色代码及测量示意图

带防护的环型夹子的正确安装方式如图 2-42 所示，如果夹子衬垫之间的距离大于 0.03 in，则必须更换比它大一号的夹子来安装固定导线束和电缆。固定好的导线束和电缆夹子不允许导线束和电缆在夹子里横向移动，如图 2-43 所示。块状夹子不允许导线束和电缆移动或在夹子里变换方向。如果固定导线束和电缆的夹子尽可能的小，允许导线束和电缆在夹子里纵向移动，但必须在导线束和电缆的直径里增加填充材料。在一个环型夹子里安装导线束和电缆时，允许导线束和电缆纵向、顺时针和逆时针移动。导线束和电缆夹子在安装时，必须与导线束和电缆或与其切线成 90°±5°，如图 2-44 所示。

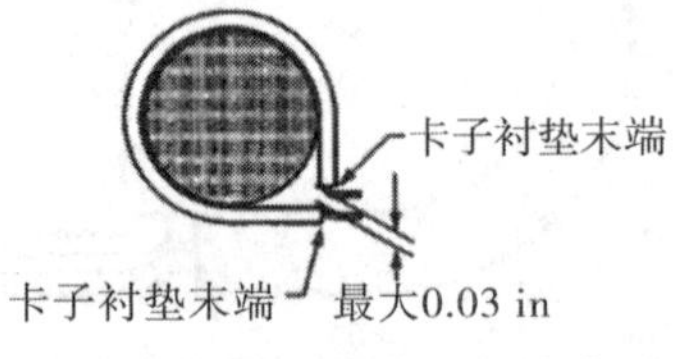

图 2-42　带防护的环型夹子的安装示意图

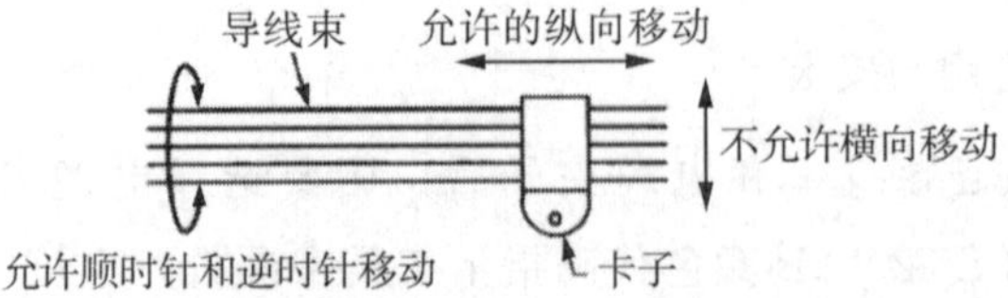

图 2-43　导线束和电缆允许在夹子里移动的示意图

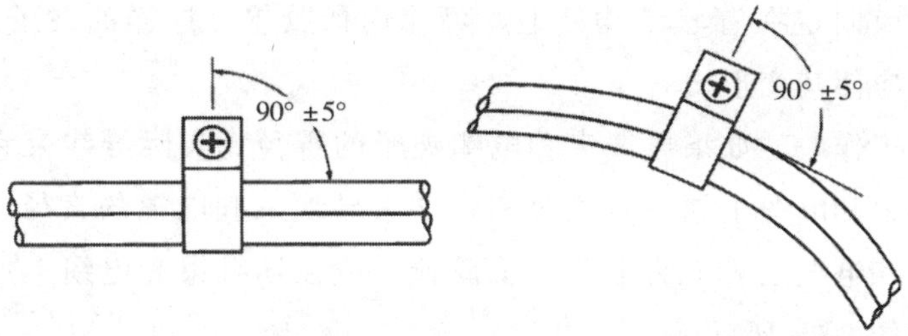

图 2-44　导线束和电缆的夹子安装位置示意图

导线束和电缆夹子应该按照如图 2-45 所示的安装角度进行安装。固定螺钉应在线束上面，夹子背向结构件。

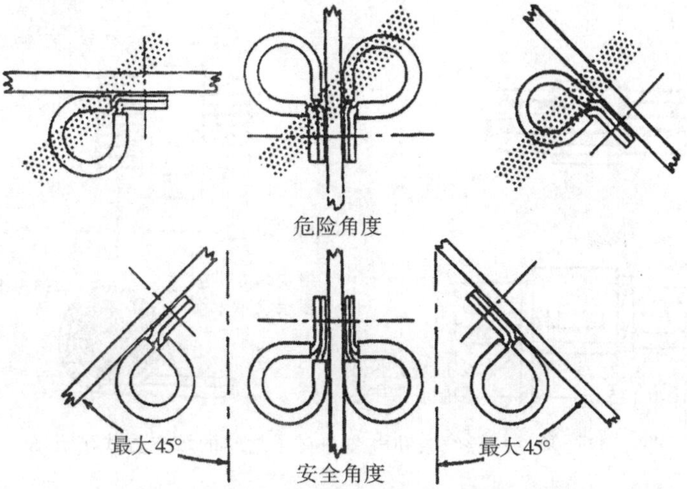

图 2-45　导线束和电缆夹子的安装角度示意图

要保证导线在电缆夹子中不被折皱，有的地方，电缆夹子可以直接固定在结构零件上，如图 2-46 所示。

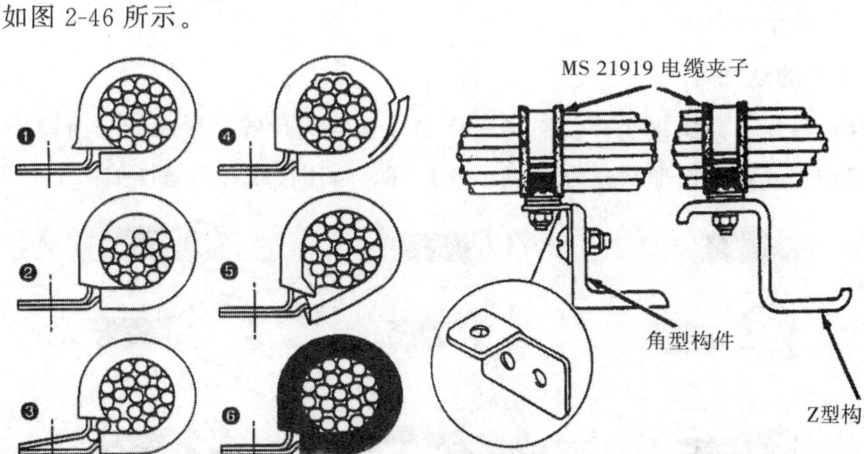

图 2-46　导线束和电缆夹子在结构零件上的安装示意图

用夹子将线束固定在管状结构件上，可使用橡胶垫，这样的夹子必须安装紧固，但是在锁紧时不应使其变形。

在日常维护工作中，如果导线束和电缆夹子的直径比实际导线束和电缆的直径要大，需要在导线束和电缆上增加填充材料，增大导线束和电缆的直径。填充的方式主要有：在导线束和电缆上填充橡胶钉、橡胶棒，或在导线束和电缆上加装填充薄膜带和防磨胶带，如图 2-47 所示。

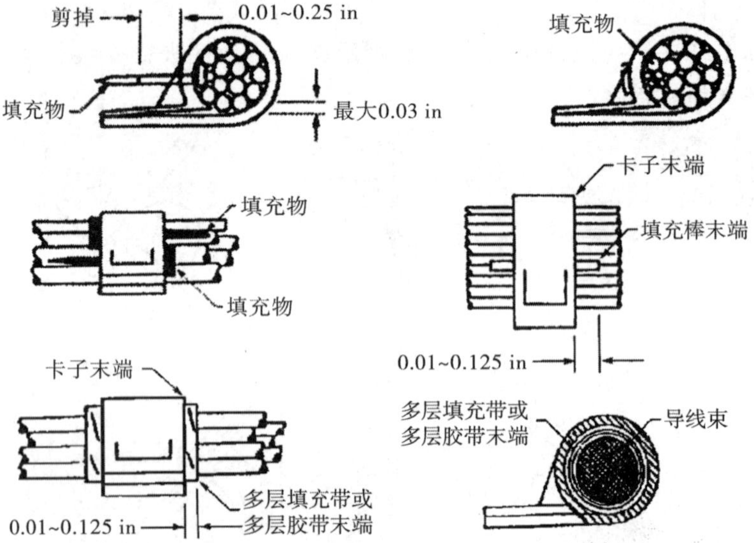

图 2-47　常见的导线束和电缆与夹子之间的填充方式示意图

2.2.4　接线片的制作

飞机上使用的接线片多种多样，不下于六大类，根据接地桩和连接导线的不同，每类下面又有几十种。

1. 接线片的认知

接线片按材料分为铜接线片、铝接线片和合金接线片等，按功能分为端子带绝缘和不带绝缘的接线片，按形状分为 Y 型、O 型等。常用接线片示意图如图 2-48 所示。

图 2-48　常用接线片示意图

2. 接线片件号的查询

在飞机标准线路施工中，接线片件号查询是施工必须准备的工作，也是进一步施工的前提条件。

（1）查询 TT（Term Type）代码。

查询 TT 代码有三种方法：

① 通过设备号查询 TT 代码。如图 2-49 所示，M01121X 上的两个接头分别是 A/1 和 B/2。

Equip	Term	Station / WL / BL Type	Bundle	Description Wire No.	GA	CO	Diagram	Effectivity
M01121X		NR192/075/		ENG FAN LOWER O/F DET				ALL
	A/1	4V	W1506	044	18	R	26-11-11	PP521-PP522
	A/1	GW	W1506	044	18	R	26-11-11	PQ361-PQ373
	B/2	4U	W1506	043	18	R	26-11-11	PP521-PP522
	B/2	G3	W1506	043	18	R	26-11-11	PQ361-PQ373

图 2-49 通过设备号查询 TT 代码截图

② 通过接地设备号查询 TT 代码。如 GD×××××-DC（AC、ST）分别表示直流接地（交流接地、静电或屏蔽接地），可以直接进入接地清单 GROUND LIST 91-21-21 查找，获得 TT 类型，如 GD01106-AC，如图 2-50 所示。

Ground No. Term	Type	Part Number Bundle	Wire No.	GA	CO	Station / WL / BL Diagram	Effectivity
GD01106		AC				379/200/L044	ALL
A..	E	W0346	119	22		21-32-01	ALL

图 2-50 通过接地设备号查询 TT 代码截图

③ 通过所连接的导线识别号查询 TT 代码。如 W1506-107-18，可直接进入 WIRE LIST 91-21-11 查找，如图 2-51 所示。

Bundle No. Wire No.	Part Number GA	CO	TY	Fam	Description FT-IN	Diagram	From Equip	Term	Type	Splice	To Equip	Term	Type	Splice	Effectivity
W1506	61-31506				ENGINE - MISC SYSTEM FROM F/W CONNECTOR D406 (continued)										
107	18		EA		9-0	75-11-11	GD00014	D.D	GW		D00196	8			PP521-PQ369
107	18		HA		9-0	75-11-11	GD00014	D.D	GW		D00196	8			PQ370-PQ373

图 2-51 通过导线识别号查询 TT 代码截图

（2）根据 TT 号，进入相应机型的 WDM 手册的 Front Matter List 部分进行查询，如图 2-52 所示。

3. TERMINAL INFORMATION

The following index of "Term Type Codes" lists the code, a description of the code and, as applicable, the terminal stud size and/or part number. The code index is arranged in the following order:

- Single alphabetical letter
- Two character code with leading alphabetical letters
- Numbers
- Symbols

TERM TYPE CODE	DESCRIPTION OF THE CODE	PART NUMBER
continued...		
C	General Purpose Lug, #6 Stud	BACT12AR( ) or BACT12AC( )
D	General Purpose Lug, #8 Stud	BACT12AR( ) or BACT12AC( )
E	General Purpose Lug, #10 Stud	BACT12AR( ) or BACT12AC( )
GW	Nickle Lug, #10 Stud	321894, 322338 or 323750
GX	Install Copalum In-Line Splice	
GY	Nickle Lug, 1/4 Stud	322320, 322341 or 323751
G3	Nicle Lug, #8 Stud	321893, 322337 or 323749
4U	Thermocouple Contact Lug (Chromel) #8 stud	1-321897-0
4V	Thermocouple Contact Lug (Alumel) #10 stud	1-321898-0

图 2-52　接线片基本件号查询截图

(3) 得到的基本件号分别是 BACT12AR,BACT12AC,321894(322338，323750)，321893 (322337，323749)，1-321897-0，1-321898-0。在 SWPM 手册的交叉目录索引 (Chapter Cross-Reference Index) 中搜索以上的件号，即可得到相应的施工章节，如图 2-53 所示。

BACT12AC1, TERMINAL LUG, GENERAL PURPOSE, BOEING.................................20-30-11
NICKEL, HIGH TEMPERATURE, 321894, AMP...20-30-11
1-321897-0, TERMINAL, THERMOCOUPLE...20-35-27

图 2-53　接线片施工章节截图

(4) 进入相关章节查询具体件号（依据导线的 AWG 号和接线柱的大小确定，一般来讲，多大的接线柱选多大孔的接线片）、夹接工具件号、施工步骤及相应耗材的件号，如件号为 NICKEL HIGH TEMPERATURE 321894 AMP 的接线片，进入 20-30-11 即可找到具体件号，如图 2-54 所示。

1.G.　Solid Nickel High Temperature Terminal Lugs　18

Crimp Barrel Size	Stud Size	Part Number	Supplier	CAU Range	
				Minimum	Maximum
22 - 18	6	321873	AMP	7	24
		321892	AMP		
	8	321893	AMP		
		321897	AMP		
	10	321894	AMP		
		321898	AMP		
	1/4	322320	AMP		

图 2-54　接线片具体件号查询截图

3. 接线片的夹接

1) 夹接工具的查询

查询到接线片件号以后，可根据接线片夹接筒号找到接线片夹接工具的件号，如

图 2-55 所示。

2.G.　Assembly of BACT12M and AMP Solid Nickel Terminal Lugs　35

Crimp Barrel Size	Crimp Tool		
	Basic Unit	Head	Die Set
22 - 18	314590-()	-	314542-1
		-	314542-2
	314700-()	-	314542-1
		-	314542-2
	46673	-	-
	69010	45175	-
16 - 14	314590-()	-	314543-1
		-	314543-2
	314700-()	-	314543-1
		-	314543-2
	46988	-	-
	59294-()	-	-
	69010	45176	-
12 - 10	314937-1	-	314915-1
	59461	-	-
	PHRPU2	PHST-59461	-

图 2-55　接线片夹接工具查询截图

2）普通接线片的夹接

从导线末端去除需要的绝缘长度，如果是一根 AWG 24 号导线夹接在一个 22-18 接线片的夹接筒上，则必须从导线末端去除 2 倍绝缘长度芯线且折回弯，确保导线在接线片夹接筒范围之内，接线片的绝缘筒能够夹住导线绝缘层。剪去垫片和螺母安装位置多余的芯线，芯线不能存在划痕和断丝现象。如果使用导线绝缘层热去除工具，刀刃不能切到导线中心，绝缘层不能出现明显过热或气泡现象，在导线芯线上不能存在残留绝缘。将去除绝缘层的导线送入接线片的夹接筒，确保导线所有的芯线在夹接筒之中，芯线末端伸出接线片的夹接筒，导线绝缘层进入接线片的绝缘筒。如果接线片连接的是 AWG 10 和更细的单根导线，芯线最大露出夹接筒 0.06 in。如果接线片连接的是 AWG 8 和更粗的单根导线，芯线最大露出夹接筒 0.10 in，如图 2-56 所示。

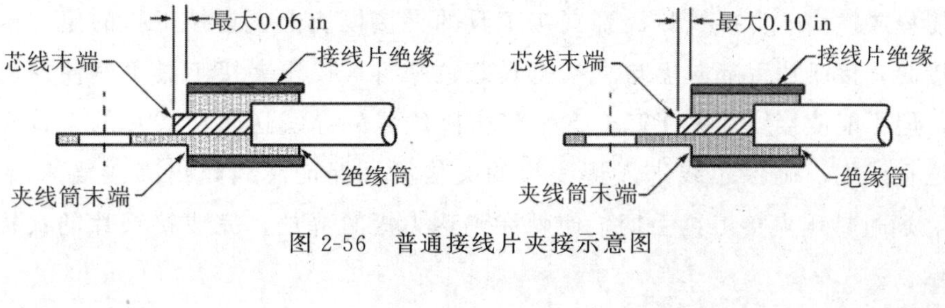

图 2-56　普通接线片夹接示意图

如果接线片没有绝缘筒，使用 AWG 10 和更细的单根导线，接线片夹接筒末端距离导线绝缘层末端最大为 0.12 in。使用 AWG 8 和更粗的单根导线，接线片夹接筒末端距离导线绝缘层末端最大为 0.25 in。如果接线片有绝缘筒，将夹接工具调整到合适的绝缘夹接位置，将接线片放置在夹接工具的模块上，通过压紧夹接工具手柄使其防倒转棘轮释放模块。一旦模块开始夹接，必须等到夹接工具模块完全夹接结束后防倒转棘轮才能释放模块。将接线片放到夹接工具的夹接模块上，夹接工具的定位卡住接线片的夹接筒，接线片舌部向上与夹接工具定位平行，按压夹接工具手柄使模块固定住接线片，但不能使接线片夹接筒变形。将去除绝缘的导线送入接线片的夹接筒芯线并顶到定位止线端，确保导线所有的芯线在夹接筒之中，芯线末端伸出接线片的夹接筒，导线绝缘层进入接线片的绝缘筒。通过挤压夹接工具手柄，使棘齿到达力矩时释放，完成接线片的夹接。

3）高温接线片的夹接

根据导线的线号和螺栓尺寸找到耐高温的接线片件号，假设在发动机区域有一根 20 号导线且连接接线片的螺栓尺寸是 1/4，可找到接线片的件号是 BACT12AV014。根据接线片夹接筒号找到高温接线片夹接工具的件号，如 46673。

从导线末端去除需要的绝缘长度，剪去影响垫片和螺母安装的多余的芯线，芯线不能出现划痕和断丝现象。如果使用导线绝缘层热去除工具，刀刃不能切到导线中心，绝缘层不能出现明显过热或气泡现象，在导线芯线上不能存在残留绝缘。确保导线所有的芯线在夹接筒之中，芯线末端伸出接线片的夹接筒，导线绝缘层进入接线片的绝缘筒。如果导线绝缘层无法进入接线片绝缘筒，使用 AWG 10 和更细的导线，接线片夹接筒末端距离导线绝缘层末端最大为 0.12 in。使用 AWG 8 和更粗的导线，接线片夹接筒末端距离导线绝缘层末端最大为 0.25 in。确保芯线进入接线片的夹接筒且保证芯线露出夹接筒末端 0.06±0.03 in。如果接线片在高温或高振动区域使用，在接线片上使用热风枪安装 1±0.06 in 的 TFE 2X 热缩套管进行防护，确保导线和接线片的夹接筒直径在热缩套管的收缩范围内。如果接线片有绝缘筒，将夹接工具调整到合适的绝缘夹接位置，将接线片放置在夹接工具的模块上，通过压紧夹接工具手柄使其防倒转棘轮释放模块。一旦模块开始夹接，必须等到夹接工具模块完全夹接结束后防倒转棘轮才能释放模块。将接线片放到夹接工具的夹接模块上，夹接工具的定位卡住接线片的夹接筒，接线片舌部向上与夹接工具定位平行，按压夹接工具手柄使模块固定住接线片，但不能使接线片夹接筒变形。将去除绝缘的导线送入接线片的夹接筒芯线并顶到定位止线端，确保芯线进入接线片的夹接筒且保证芯线露出夹接筒末端 0.06±0.03 in。通过挤压夹接工具手柄，使棘齿到达力矩时释放，完成接线片的夹接，如图 2-57 所示。

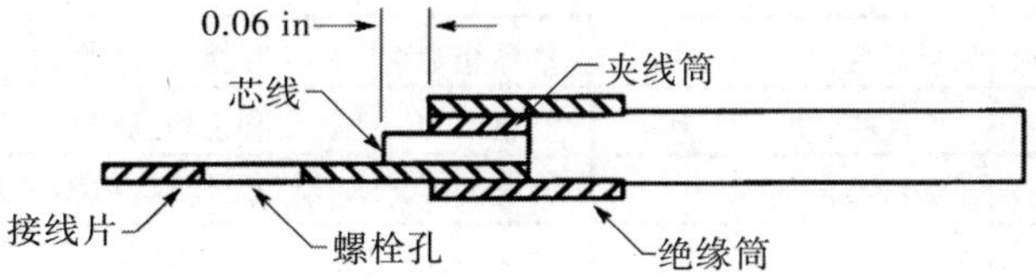

图 2-57　高温接线片夹接示意图

如果接线片上连接的是 AWG 10 号或更细的导线，在接线片上推动热缩套管到距离接线片夹接筒前末端 1/16±1/16 in 处，如果接线片上连接的是 AWG 8 号或更粗的导线，在接线片上推动热缩套管到距离接线片夹接筒前末端 1/4±1/16 in 处，如图2-58所示。

在高振动区域或高温区域，如果不能使用热风枪，则选择温度等级 D 类的 TFE 胶带，在接线片夹接筒周围和导线绝缘层周围充分缠绕多层胶带，胶带重叠 50%以上，在导线绝缘层上大约缠绕 1 in 的多层胶带，并在缠绕胶带的两个末端使用扎线进行捆扎固定。

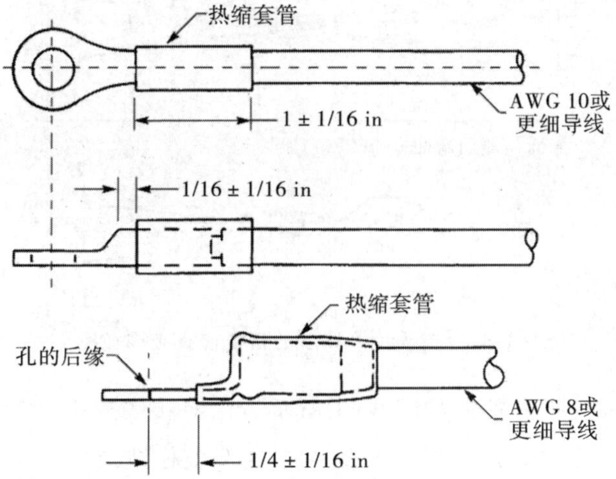

图 2-58　热缩套管的安装示意图

4）接线片的夹接要求

当接线片完成夹接后，应检查夹接效果是否符合手册要求，如图 2-59 所示。

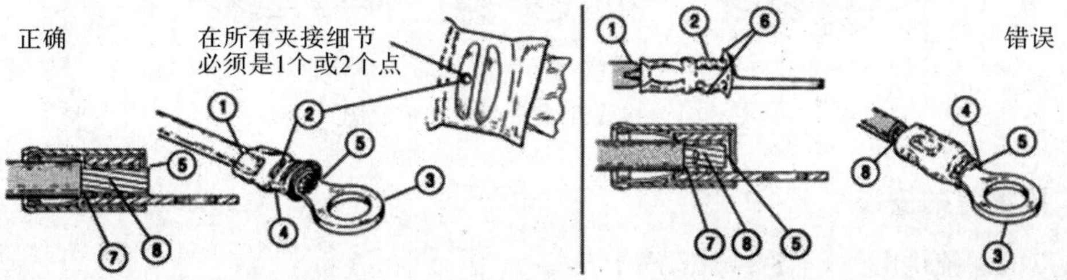

① 绝缘筒与导线绝缘可靠接触	① 导线绝缘压出（在接线片绝缘压接太紧）
② 正确的颜色标记、模块标记和工具组合	② 错误的颜色标记和模块标记
③ 导线线号在接线片夹接范围之内	③ 导线线号不在接线片夹接范围之内
④ 夹接筒夹接在中心	④ 夹接筒夹接不到位
⑤ 接线片上的芯线末端到达规定位置	⑤ 导线末端没有到达规定位置
⑥ 接线片压接合适	⑥ 过度压接或绝缘变形（工具和接线片选择错误）
⑦ 夹接筒没有压接到导线绝缘	⑦ 夹接筒压接到导线绝缘
⑧ 芯线没有断丝或划痕	⑧ 芯线有断丝或划痕

图 2-59　接线片夹接后的效果截图

在接线片的夹接施工期间导致接线片的夹接筒和导线有一定弯曲是允许的。

当接线片完成夹接后，按照如图 2-60 所示方法对接线片进行目视检查。接线片的夹接筒和导线以参考线为基准，接线片向上或向下的弯曲角度不能超过 11°。

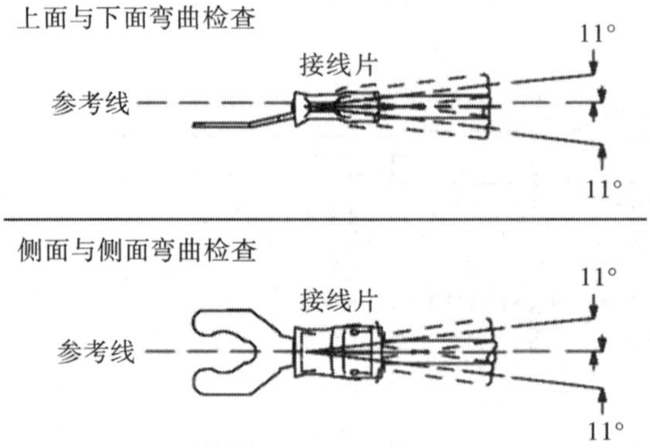

图 2-60　接线片夹接后的目视检查查询截图

当接线片完成夹接后，按照如图 2-61 所示方法对接线片进行横截面的检查。若出现图示左侧的问题，则主要是夹接工具的夹接挡位太松造成的。若出现图示右侧的问题，则主要是夹接工具的夹接挡位太紧造成的。

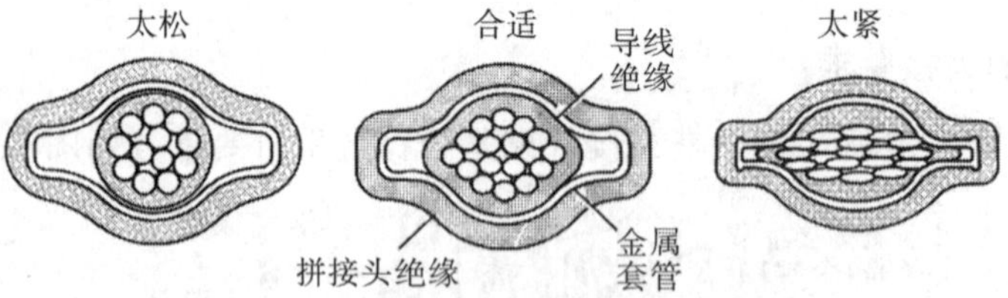

图 2-61　接线片横截面检查示意图

4. 接线片的安装

在飞机系统供电前，需要绝缘下列导线：

（1）没有接线片的导线。

（2）有接线片但没有被固定在接线柱上的导线。

接线片的孔径要与接线柱的尺寸一致，若无合适尺寸的接线片，下列几种情况是允许的：

（1）孔径为 10 的接线片安装在尺寸为 8 的接线柱上。

（2）孔径为 8 的接线片安装在尺寸为 6 的接线柱上。

（3）孔径为 6 的接线片安装在尺寸为 4 的接线柱上。

每一根接线柱上最多能安装 4 个接线片，接线柱或螺杆必须超出螺帽的尺寸为 1～1/2 螺纹。在油气区域的电气连接需要密封，绝缘接线管不需要密封。

电源端的接线片线头向上，负载端的线头向下，如图 2-62 所示。备份构型与上述安装方法正好相反，如图 2-63 所示。

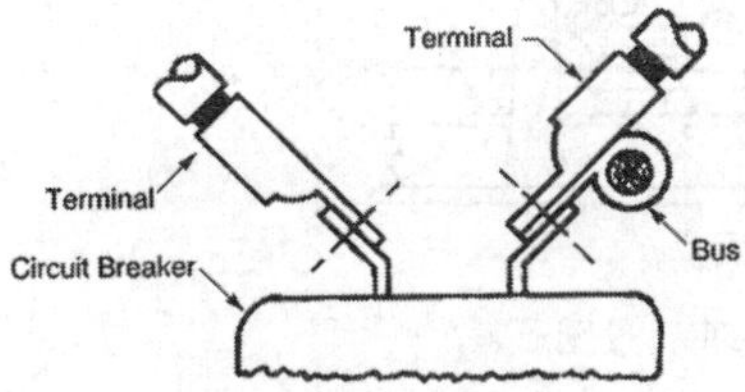

图 2-62　接线片电源进线安装截图

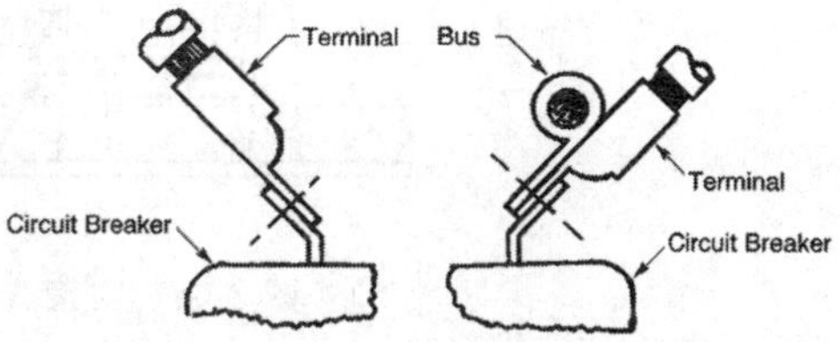

图 2-63　接线片负载出线安装截图

接线片允许弯曲程度如图 2-64 所示。接线片只能用一次，在受限空间里最大弯曲角度为 10°，在接线块上最大弯曲角度为 30°。接线片仅能被弯曲一次，向上弯曲最大 30°，向下弯曲最大 10°，弯曲半径不要大于 5/32 ±1/32 in，弯曲区域没有裂纹。

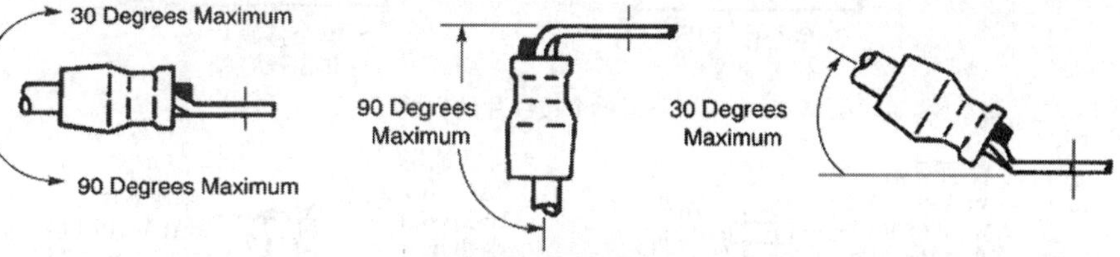

图 2-64　接线片允许弯曲程度截图

不要将氧化过的垫片或钢圈安装在黄铜或钢质接线柱上。铜质接线柱上使用镀锡铜螺帽。钢质接线柱上使用自锁钢质螺帽。使用平螺帽时，需加上平垫片和弹簧垫片。使用自锁螺帽时，需加上平垫片。安装多个接线片时，孔径大的放在下面，接线片间要求保持平行。有安装力矩要求时，若表格中没有标明力矩，应确保弹簧垫片被完全压平、接线片不能移动。

接线片安装在终端块上，避免接线片松脱，一个接线柱上安装一个或多个接线片，如图 2-65 所示。

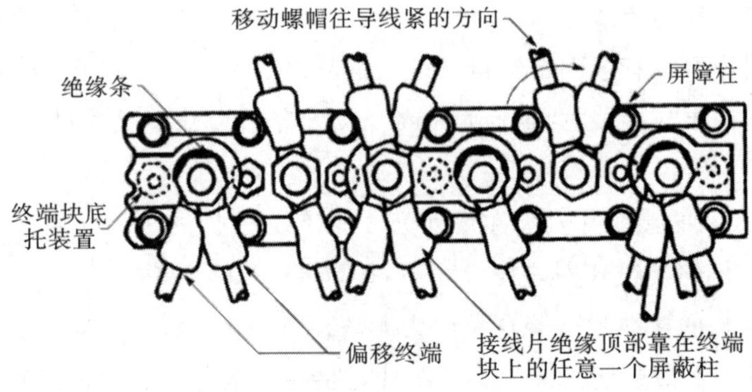

图 2-65　多个接线片安装示意图

空接线柱的处理如图 2-66 所示。

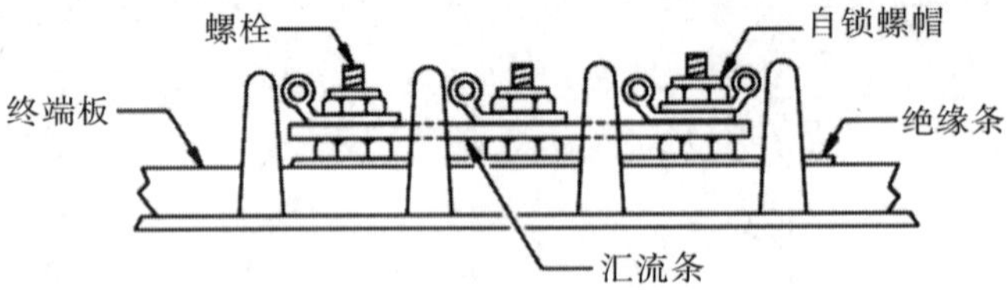

图 2-66　空接线柱的处理示意图

接线片的安装构型如图 2-67 所示。

(a) 单个接线片的安装

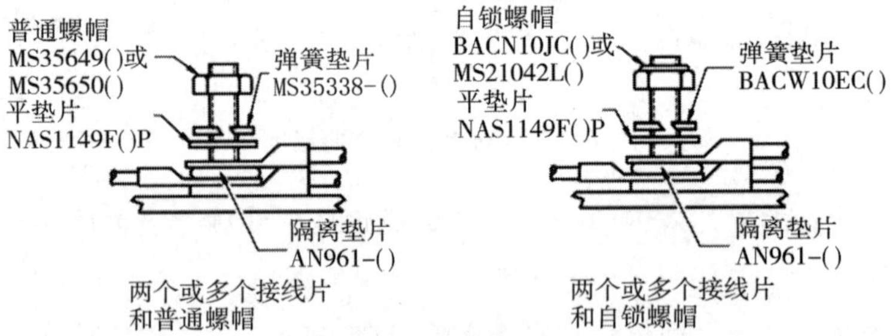

(b) 多个接线片的安装

图 2-67　接线片的安装构型示意图

铝接线片与铜接线片是有区别的，在安装的时候，铝接线片与设备或接线柱之间要加一个平垫片，如图 2-68 所示。接线片与跳开关安装时，电源端的接线片线头向上，负载端的接线片线头向下。

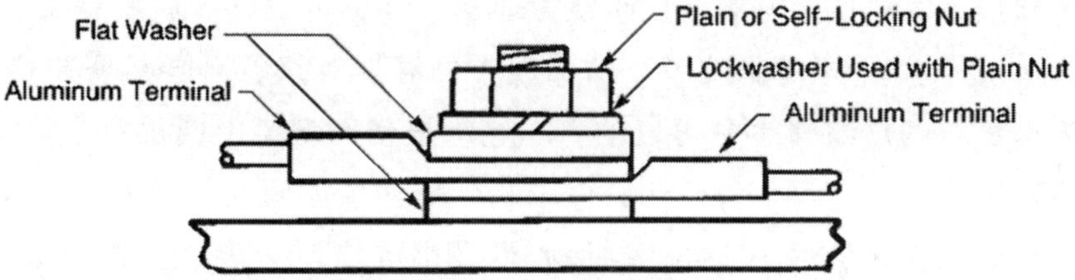

图 2-68　铝接线片安装示意图

2.2.5　导线的修理

当飞机上的导线、芯线损伤 20%及以上时，必须进行永久性修理。当发动机及其 APU 的电源馈线芯线损伤 20%及以上时必须更换。若芯线损伤没有达到 20%，只需要进行绝缘层修理。

SWPM 20-10-13 描述了导线和线缆的损伤和修理条件，绝缘导线和线缆的修理，使用接线管对非屏蔽导线和线缆进行修理，使用接线管对屏蔽导线和线缆进行修理，同轴线缆的修理，修理屏蔽导线和线缆的屏蔽，对屏蔽接地线的修理，使用接线管对火警线、热电偶导线和燃油油量指示导线的修理等内容。

1. 导线绝缘层的修理

导线绝缘层的修理过程如图 2-69 所示。

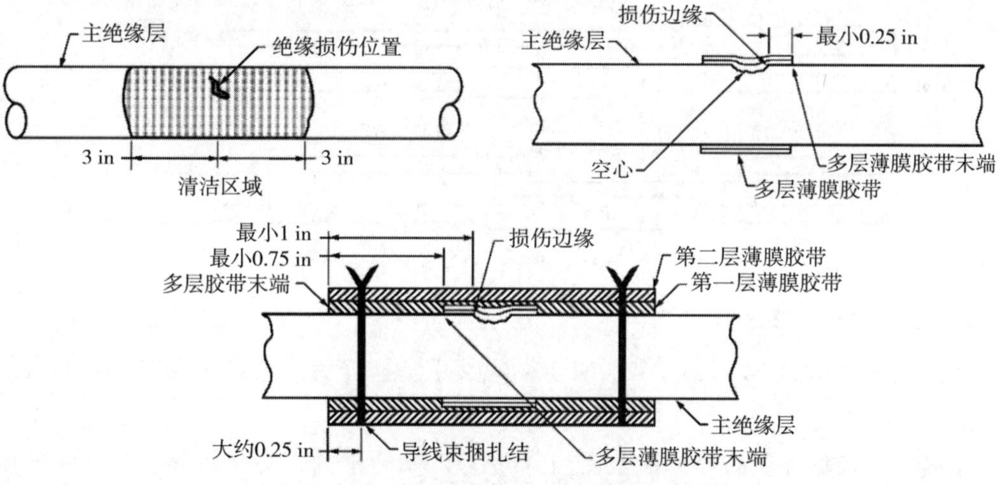

图 2-69　导线绝缘层的修理过程示意图

从导线绝缘层损伤区域去除多余的绝缘层且确保绝缘层表面平滑，使用异丙醇清洁导线绝缘层，清洁导线损伤区域每侧大约 3 in 的绝缘区域，且保持清洁区域干燥。如果在绝缘损伤区域出现空洞，应使用温度等级 D 类的薄膜胶带或使用温度等级 D 类的 TFE 胶带进行填充，并使导线绝缘层表面平滑，确保多层薄膜胶带的每一侧末端延伸到损伤区域的最小距离是 0.25 in，确保胶带最小重叠 50%缠绕，在绝缘损伤处最少缠绕两层绝缘层，第二层要与第一层缠绕方向相反。也可以选择温度等级 D 类的 TFE 胶带或温度等级 C 类的硅树脂胶带，确保胶带的温度等级符合导线安装位置的要求，选择相同温度等级的热缩管也是可以的。在绝缘损伤区域缠上两层胶带，如果选择多层薄膜胶带，需要填充空洞。每一侧胶带末端延伸多层薄膜胶带最小 0.75 in，每一侧胶带末端延伸到损伤区域最小 1 in，确保胶带最小重叠 50%缠绕，在绝缘损伤处最少缠绕两层绝缘层，第二层要与第一层缠绕方向相反。在导线绝缘层修理胶带的每个末端大约 0.25 in 处，使用相同温度等级的扎线进行捆扎。

2. 增压区域导线的修理

1）修理条件

当导线或电缆的线芯受损时，需要参照 SWPM 20-10-13 的修理程序，使用合适的接线管和拼接工具对导线进行修理。一根导线用接线管修理的地方不能超过 3 个（不包括飞机出厂时厂家安装的接线管），所有接线管都要防潮。如果在线束中对几根导线进行修理，则第一根导线上的接线管的末端与另外一根导线上的接线管的顶端之间的距离最少为 0.25 in，如图 2-70 所示。发动机导线束中的导线可以暂时用接线管修理，待下次发动机维护时再更换，但线束结、扎带扣、卡口和其他支点、导管内、经常弯曲的线束、燃油箱等地方不能使用接线管。

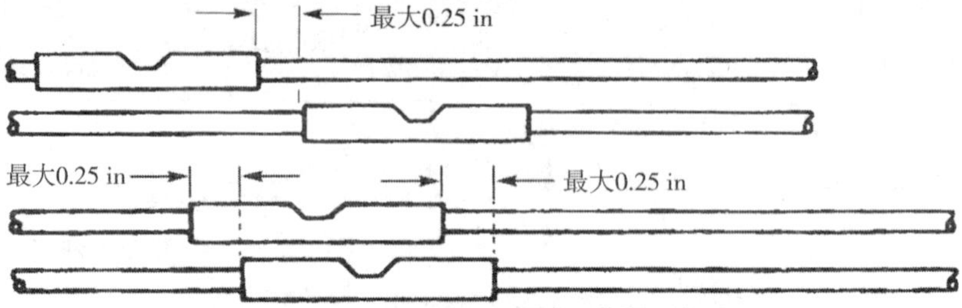

图 2-70　接线管末端和同端距离示意图

2）接线管和夹接工具的选择

按照前面介绍的方法，在 SWPM 20-30-12 中选择合适的绝缘接线管件号和对应的接线管夹接工具件号。

接线管是根据导线的导体横截面积（CAU）来确定的，必须将导线 AWG 转换成 CAU，其转换关系为：

$$\mathrm{CAU}=\frac{\mathrm{CMA}}{100}=\frac{(1\,000\times\text{导线直径})^2}{100}\times\text{线号}$$

每个接线管对应一个 CAU 范围，其中包含线芯 CAU 的合适接线管，如图 2-71 所示。

如果线芯的 CAU 比接线管对应的最大的 CAU 还大，则不适用；如果比接线管对应的最小的 CAU 还小，则需要增加线芯的 CAU，可以采取线芯折叠或填充导体的方式，具体方法可参照接线片的制作。

Wire Size (AWG)	Circular Area Units (CAU)
32	0.6
30	1
28	1.6
26	3
24	5
22	8
20	12
18	19
16	24

图 2-71　AWG 与 CAU 对应关系截图

根据导线的 CAU 范围可以查找到一系列接线管的件号、夹接筒的尺寸、描述、绝缘套的颜色等相关信息。通过导线规格、CAU 范围、夹接筒大小、温度等级就可以在 20-30-12 中选择接线管构型，如图 2-72 所示。

CAU Range		Part Number	Crimp Barrel Size	Description	Insulation Color	Supplier
Minimum	Maximum					
3	8	NAS1388-5	26-22	Insulation Grip	Yellow	QPL
4	12	NAS1388-4	24-20	Insulation Grip	White	QPL
7	24	NAS1388-1	22-18	Insulation Grip	Red	QPL
15	51	NAS1388-2	16-14	Insulation Grip	Blue	QPL
59	138	NAS1388-3	12-10	Insulation Grip	Yellow	QPL
132	208	NAS1389-1	8	No Insulation Grip	Red	QPL
209	331	NAS1389-4	6	No Insulation Grip	Blue	QPL
332	526	NAS1389-7	4	No Insulation Grip	Yellow	QPL
527	837	NAS1389-10	2	No Insulation Grip	Red	QPL
838	1195	NAS1389-13	1/0	No Insulation Grip	Blue	QPL

图 2-72　接线管的查询与选择截图

接线管在电路中起到连接通路的作用，常用来修理导线或电缆，根据导线束的安装位置选择不同型号的接线管。常见的接线管构型如图 2-73 所示。

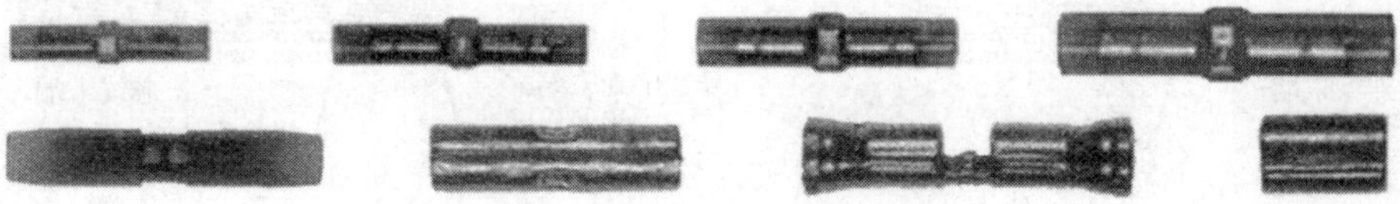

图 2-73　常见的接线管构型示意图

NAS1388 和 NAS1389 等接线管用于没有水增压区域的导线修理。NAS1387、D436 等接线管用于有水增压区域和非高温、非增压、增压区域导线和电缆的修理。294、BACT12C 等接线管用于高温区域导线和电缆的修理。269 接线管用于电源馈线铜线与铜线的导线修理，277 接线管用于电源馈线铜线与铝线的导线修理。

根据接线管的件号和夹接筒的大小，可以在 SWPM 20-30-12 中找到夹接工具的相应位置，如图 2-74 所示。

4. TOOLS AND MATERIALS 22
A. Conductor Splice Crimp Tools 22
B. Mechanical Ferrule Crimp Tools 27
C. Shield-Kon Crimp Tools 39
D. Hot Air Guns 41
E. Splice Assembly Materials 41

（a）

Crimp Barrel Size	Crimp Tool	
	Basic Unit	Nest
20-16	AD-1377	16-20
	ST956C	16-20
	ST956D	16-20
16-12	AD-1377	12-16
	ST956C	12-16
	ST956D	12-16

（b）

图 2-74 夹接工具的查询与选择截图

3）接线管的夹接

根据 SWPM 20-00-15 的要求，从导线末端去除合适的绝缘层长度，将去除绝缘层的导线放入接线管，检查去除绝缘层的导线在接线管绝缘筒的位置，确保从接线管的观察孔里看到导线的芯线，芯线顶到接线管止位且不能超过止位，导线的绝缘层不能进入接线管的夹接筒，导线绝缘层与绝缘筒重叠，不允许超过绝缘筒。如果导线绝缘层直径超过绝缘筒的直径，接线管的绝缘直径超过导线的绝缘层直径，则导线的芯线和绝缘层能顺利进入接线管的绝缘筒、夹接筒并到达止位。AWG 10 号线和更细的导线夹接筒的末端与导线绝缘层末端最大为 0.13 in，AWG 8 号线和更粗的导线夹接筒的末端与导线绝缘层末端最大为 0.25 in，如图 2-75 所示。

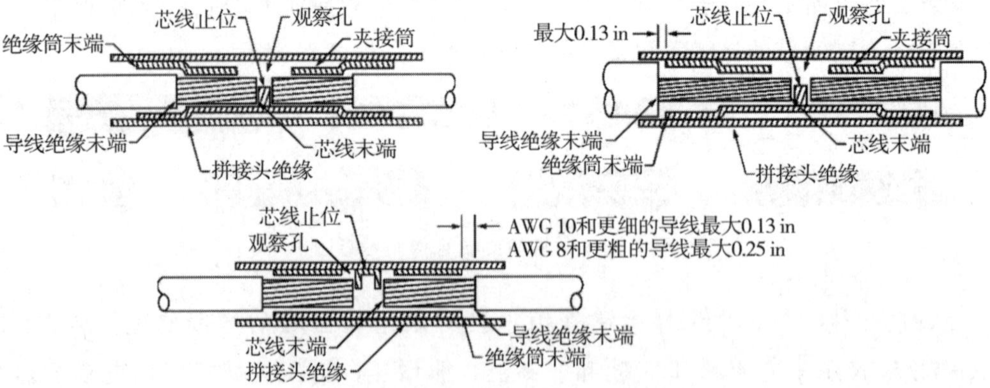

图 2-75 增压区域导线的修理过程示意图

将接线管放到夹接工具的夹接模块上，夹接工具的定位卡住接线管的观察孔，观察孔向上与夹接工具顶部平行，按压夹接工具手柄使模块固定住接线管，但不能使接线管夹接筒变形。将去除绝缘层的导线送入接线管的夹接筒芯线并顶到接线管止位端，通过挤压夹接工具手柄，使棘齿到达力矩时释放，完成接线管的第一次夹接。将接线管调转方向，放到夹接工具的夹接模块上，参照第一次夹接程序完成接线管的第二次夹接。如图 2-76 所示。

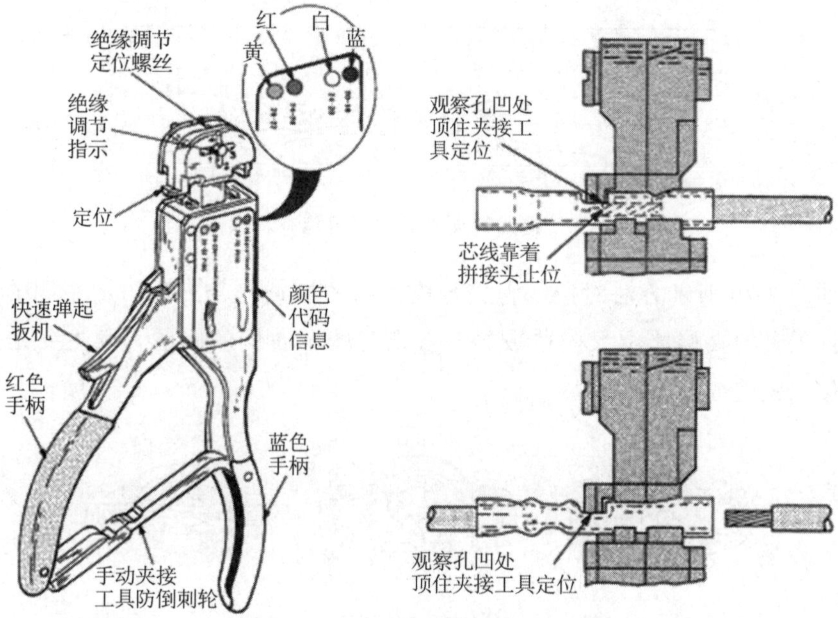

图 2-76　接线管的夹接示意图

4）接线管的夹接要求

当接线管完成夹接后，应检查其夹接效果是否符合手册要求，如图 2-77 所示。

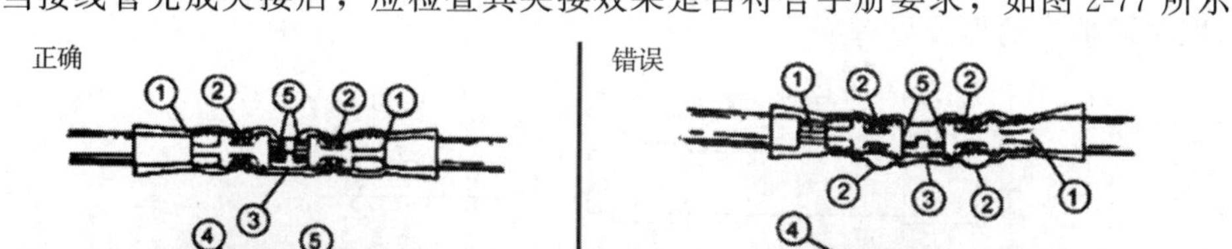

①接线管的绝缘筒夹住导线绝缘	①导线芯线太长或导线绝缘层裂开
②夹接在夹接筒中心且标记清楚	②标记不清楚，夹接筒出现撕裂痕迹
③导线的线号与接线管和夹接工具匹配	③导线的线号与接线管和夹接工具不匹配
④导线绝缘进入接线管的绝缘筒位置合适	④导线绝缘进入接线管的夹接筒
⑤在观察孔看见芯线并到达止位	⑤导线没有完全插入接线管，芯线没有到达止位

图 2-77　接线管的夹接效果示意图

在夹接过程中，允许接线管的夹接筒和导线出现一定的弯曲。

当接线管完成夹接后，按照如图 2-78 所示方法对接线管进行目视检查。接线管的夹接筒和导线以参考线为基准，接线管向上或向下的弯曲角度不能超过 11°。

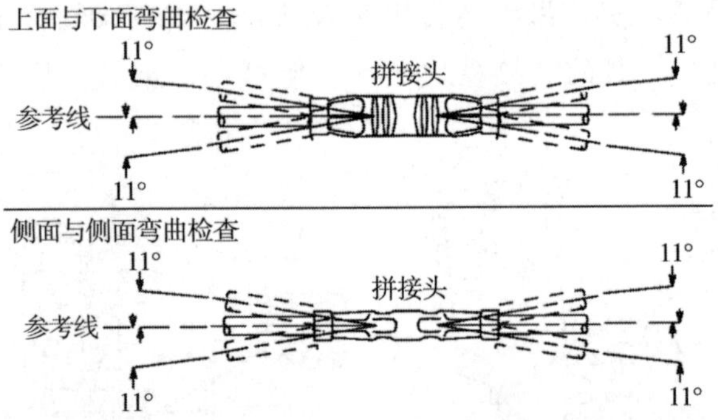

图 2-78　接线管夹接后的目视检查示意图

按照如图 2-79 所示方法对接线管进行横截面的检查，若出现图示左侧的问题，则主要是夹接工具的夹接挡位太松造成的。若出现图示右侧的问题，则主要是夹接工具的夹接挡位太紧造成的。

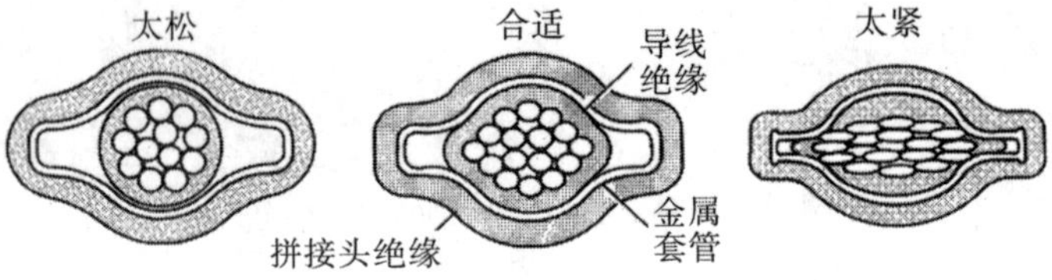

图 2-79　接线管横截面检查示意图

3. 高振区域导线的修理

高振区域导线的修理需要采用密封接线管，如图 2-80 所示。这种施工方法同样适用于增压区域损伤的导线修理。

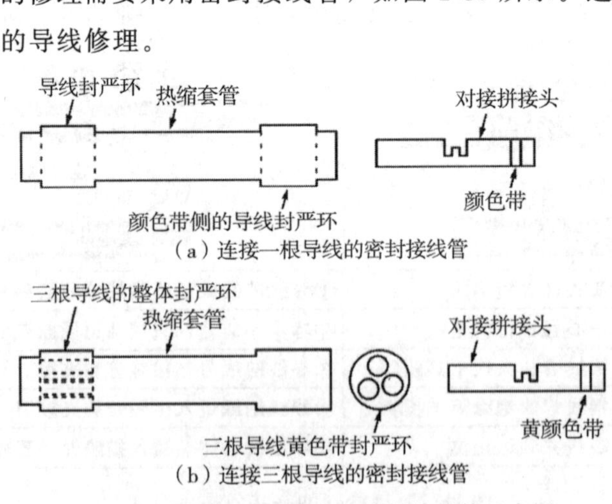

图 2-80　高振区导线修理的密封接线管示意图

根据前面介绍的方法查询和选择合适的密封接线管、夹接工具以及夹接程序，将待修导线穿入热缩套管后，去除合适的绝缘层长度并放入接线管。去除绝缘层的导线在接线管绝缘筒中的位置必须符合如图 2-81 所示的要求，确保从接线管的观察孔里看到导线的芯线，芯线顶到接线管止位且不能超过止位，导线的绝缘层不能进入接线管的夹接筒。如果是修理一根导线，导线夹接筒的末端与导线绝缘层末端最大为 0.13 in。如果是修理两根导线，导线夹接筒的末端与导线绝缘层末端最大为 0.25 in。

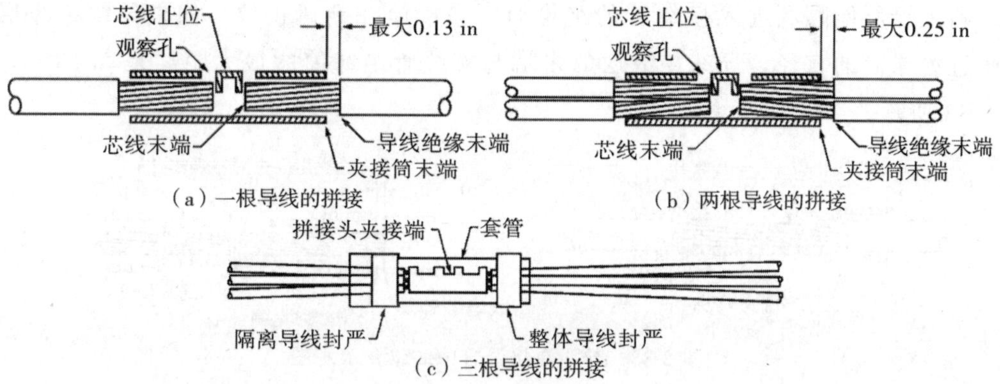

图 2-81　导线在接线管中的位置示意图

将接线管放在夹接工具的模块上，轻轻按压夹接工具手柄将接线管定位，将去除绝缘层的导线送入接线管并到达合适的位置，按压夹接工具手柄直至夹接工具到达力矩值，防倒转棘轮复位，接线管完成第一次夹接。将完成第一次夹接的接线管的另一端放在夹接工具的模块上，参照接线管第一次夹接程序完成第二次夹接。

将夹接完成的接线管放置在如图 2-82 所示的热缩套管中心，根据热缩套管的温度等级设置热风枪的温度。根据 SWPM 20-10-14 中关于热风枪的施工程序进行热缩工作，确保被封严的接线管上的热缩套管外侧末端不能出现粗糙的边缘。

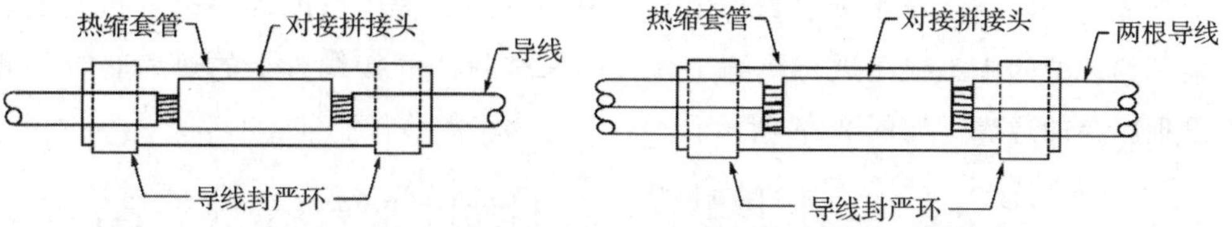

图 2-82　接线管在热缩套管中的位置示意图

4. 高温区域导线的修理

高温区域导线的修理，一般采用铜合金材料的接线管，这种施工方法同样适用于增压区域和高振区域损伤的导线修理。根据修理导线的具体位置，选择不同温度等级的热缩套管进行防护。

根据前面介绍的方法选择合适的高温铜合金接线管、接线管夹接工具、温度等级 D 类的热缩管和胶带，确保合金接线管的最大直径在热缩管的收缩范围之内，截取合适的热缩管长度，热缩管伸出接线管末端最少 1.1 in，将热缩套管套在需要修理的导线上。从导线末端去除合适的绝缘层长度后放入接线管，检查去除绝缘层的导线在接线管的绝缘筒中的位置，确保从接线管的观察孔里能看到导线的芯线，芯线顶到接线管止位且不能超过止位，导线的绝缘层不能进入接线管的夹接筒，导线的芯线和绝缘层能顺利进入接线管的绝缘筒、夹接筒并到达止位。如果导线绝缘层直径超过绝缘筒的直径，导线绝缘层的末端与接线管绝缘筒的最大距离是 0.13 in，如图 2-83 所示。

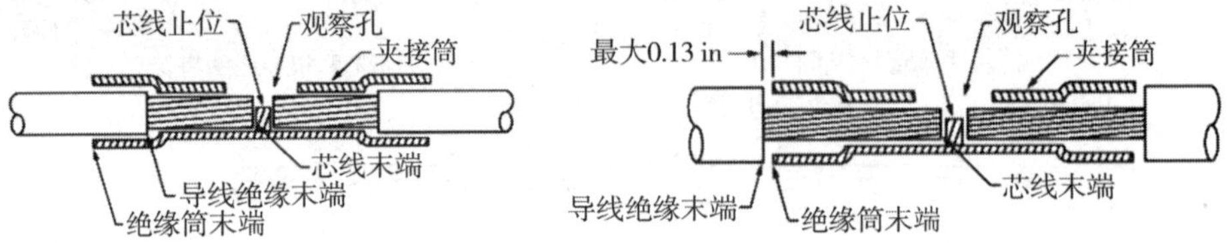

图 2-83　导线在接线管中的位置示意图

将接线管放在夹接工具的模块上，轻轻按压夹接工具手柄将接线管定位，将去除绝缘层的导线送入接线管并到达合适的位置，按压夹接工具手柄直至夹接工具到达力矩值，防倒转棘轮复位，接线管完成第一次夹接。将完成第一次夹接的接线管的另一端放在夹接工具的模块上，参照第一次夹接程序完成接线管第二次夹接。

在夹接完成的接线管上缠绕两层绝缘胶带，第一层绝缘胶带紧紧地缠绕在接线管上，确保胶带末端大于接线管两侧末端 0.6～0.85 in，胶带缠绕重叠大于 50%。在紧紧地缠绕第一层绝缘胶带的基础上，逆时针紧紧地缠绕第二层绝缘胶带，第一层胶带的终点就是第二层的起点，第二层的终点就是第一层起点，胶带缠绕重叠大于 50%。将防护完成的接线管放置在热缩套管中心，根据热缩套管的温度等级设置热风枪的温度。根据热风枪的施工程序进行热缩工作，确保被封严的接线管上的热缩套管外侧末端不出现粗糙的边缘，如图 2-84 所示。

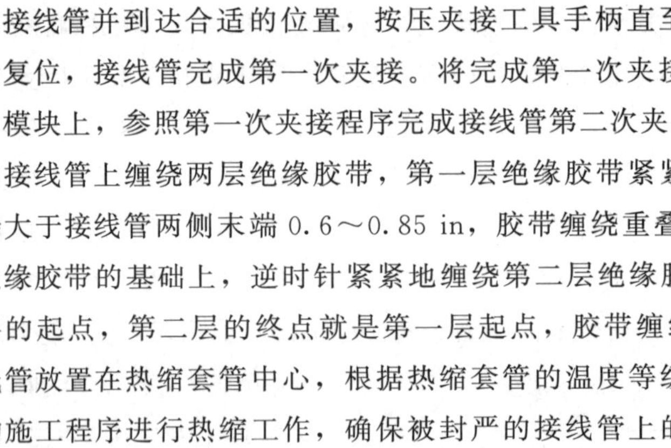

图 2-84　接线管、胶带和热缩套管的位置示意图

2.2.6　屏蔽导线的接地处理

1. 屏蔽线的接地符号表示

在 WDM 手册中，屏蔽线的接地有几种表示方法，如图 2-85 所示。

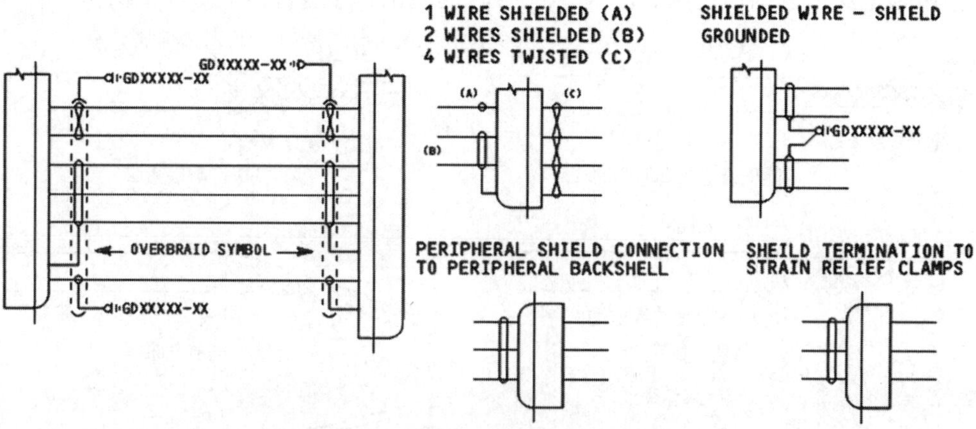

图 2-85　屏蔽线接地的表示方法截图

2. 地线要求

如果知道旧地线的类型、颜色和尺寸，则选择一样的。如果不知道，可按如图 2-86 所示进行选择。

Area of the Airplane	Temperature Grade	Wire		
		Specification	Size (AWG)	Color
Pressurized	–	BMS 13-16 Type 1	20	Black
		BMS 13-16 Type 1	20	White with Black Stripe
Unpressurized	A	BMS 13-16 Type 1	18	Black
		BMS 13-16 Type 1	18	White with Black Stripe
	B	BMS 13-16 Type 1	18	Black
		BMS 13-16 Type 1	18	White with Black Stripe
	C	BMS 13-16 Type 1	18	Black
		BMS 13-16 Type 1	18	White with Black Stripe
	D	BMS 13-31 Type 1	18	Gray

图 2-86　地线选择截图

3. 屏蔽地线的制作

1）抽线法

采用抽线法制作屏蔽地线的方法如图 2-87 所示。按照相应温度等级要求选择热缩管，截取大约 0.7 in 的热缩管放置在屏蔽电缆上。根据需要去除合适长度的绝缘层，然后将屏蔽线慢慢往前推，使其在屏蔽层与绝缘层末端产生膨胀。使用尼龙锥子或者同等设备和工具，在屏蔽层膨胀处撬开一个孔，其中心距离电缆末端大约 0.5 in。在屏蔽电缆开孔处向下小心弯曲屏蔽电缆，使屏蔽电缆中心导线在孔中心出现。使用尼龙锥子小心将导线从孔中抽出，按照此施工方法继续将其他导线从屏蔽层的开孔中一一抽出。将屏蔽层拉紧并使其平整，截取拉直的屏蔽层合适的长度，屏蔽电缆外层绝缘层末端与拉直的屏蔽层末端距离为 1.7～2.0 in。根据需要向后回折拉直的屏蔽层，将热缩管中心放置在屏蔽电缆绝缘层末端，按照 SWPM 20-10-14 的施工程序进行热缩管施工操作。

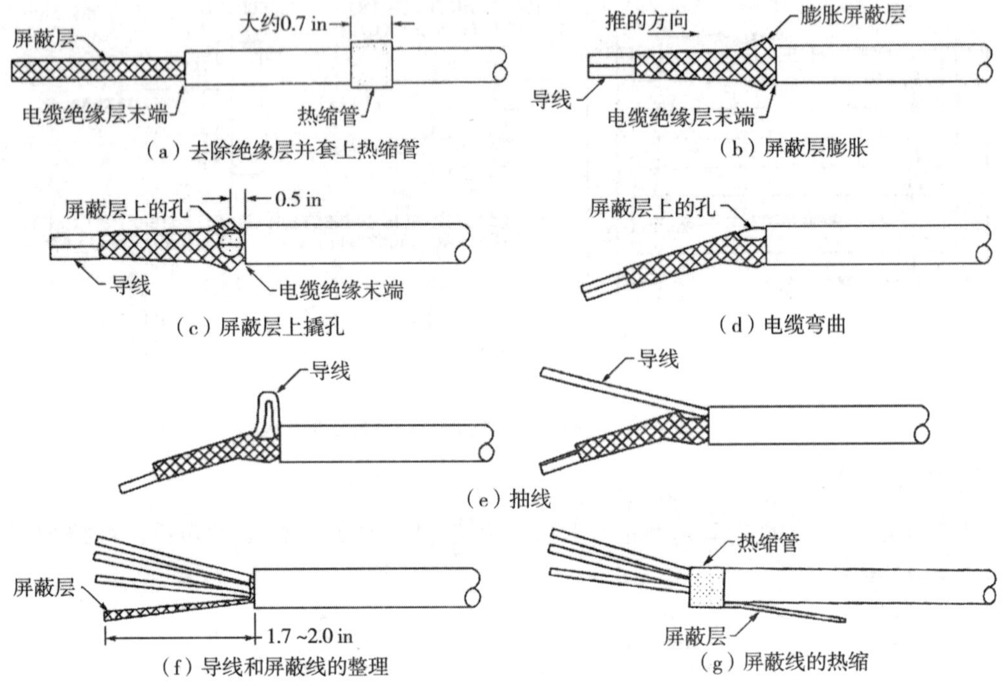

图 2-87 抽线法制作屏蔽地线示意图

2）钢环铜环冷夹接法

钢环铜环冷夹接法制作的屏蔽地线适用于飞机的所有区域，尤其在发动机、APU 和高温区域。根据屏蔽层回折与否，一般有两种制作方法。

（1）屏蔽层回折

根据温度等级选择热缩管，根据屏蔽电缆的使用环境和屏蔽电缆的最小直径查询和选择需要的内侧钢环和外侧铜环件号，确保内侧钢环的最小直径可以在屏蔽电缆外层绝缘层上顺利移动，外侧铜环的直径大于内侧钢环与屏蔽层厚度总和。将内侧钢环套在屏蔽电缆上，在屏蔽电缆外层绝缘层上距离 0.25～0.38 in 画上两个记号。从靠近屏蔽电缆末端按照记号去除电缆外层绝缘层，用手向后推屏蔽层，使之出现膨胀现象，用剪刀或剪钳将屏蔽层剪切齐整，去除 0.25～0.38 in 电缆外层绝缘层。将内侧钢环移动到屏蔽电缆指定位置附近，将内侧钢环电缆的屏蔽层放置到屏蔽电缆末端，回折屏蔽层在钢环上，电缆屏蔽层后末端超过钢环的后末端。根据需要，可以从前出线，也可以从后出线，将铜环套在钢环、回折屏蔽层和去除绝缘层的屏蔽地线之上，确保钢环后末端与铜环后末端最大为 0.06 in。选择合适的夹接工具夹接铜环。根据温度等级选择热缩管，夹接后的外侧铜环直径必须在热缩管的收缩范围之内。截取合适长度的热缩管套在夹接完成的外侧铜环上，按照 SWPM 20-10-14 热缩管施工程序进行施工，如图 2-88 所示。

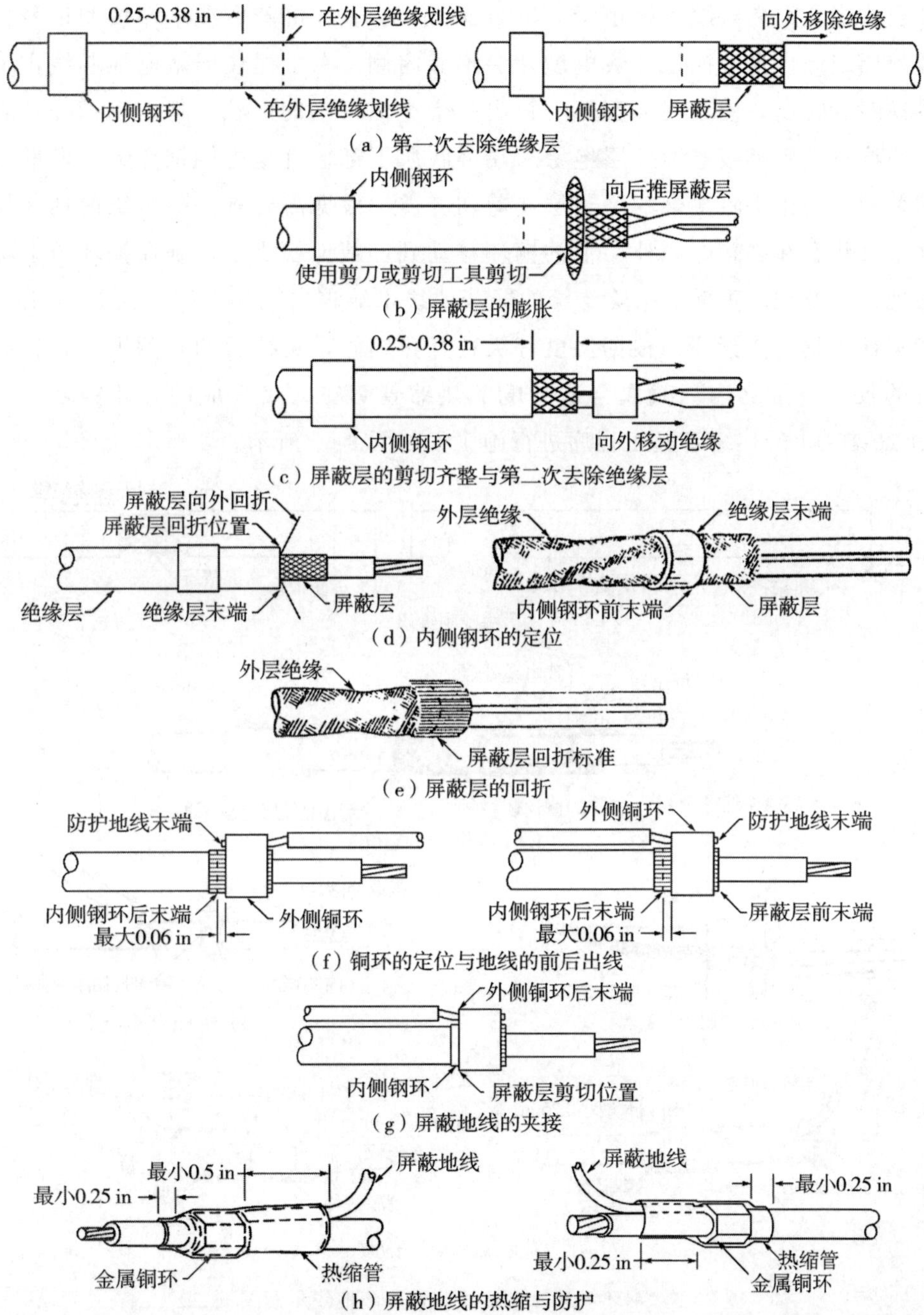

图 2-88　钢环铜环冷夹接法制作屏蔽地线示意图（一）

(2) 屏蔽层不回折

根据温度等级选择热缩管，根据屏蔽电缆使用环境和屏蔽电缆最小直径选择需要的内侧钢环和外侧铜环件号，确保内侧钢环的最小直径大于屏蔽电缆芯线主绝缘直径，并且钢环能在屏蔽电缆芯线主绝缘上顺利移动。将外侧铜环套在屏蔽电缆上，在屏蔽电缆外层绝缘上距离电缆末端小于 2 in 处画上记号。在屏蔽电缆末端按照记号位置去除电缆外层绝缘。左手抓住屏蔽电缆外层绝缘内侧，右手捏住屏蔽电缆芯线主绝缘顺时针或逆时针转动，使其在屏蔽层上扫出一个类似喇叭的形状。将内侧钢环顺着屏蔽电缆主绝缘移动到屏蔽电缆外层绝缘末端屏蔽层下部，直至内侧钢环无法向前移动为止。用剪刀或剪钳去除多余的屏蔽层并剪切齐整。根据需要将去除绝缘的地线放在屏蔽层之上，将套在屏蔽电缆外层上的铜环移动到屏蔽地线之上，确保铜环与去除绝缘的屏蔽地线以及钢环重叠。去除绝缘的屏蔽地线末端露出铜环末端最大 0.06 in，选择合适的夹接工具夹接铜环。根据温度等级选择热缩管，夹接后的外侧铜环直径必须在热缩管的收缩范围之内。截取合适长度的热缩管套在夹接完成的外侧铜环上，按照 SWPM 20-10-14 的热缩管施工程序进行施工，如图 2-89 所示。

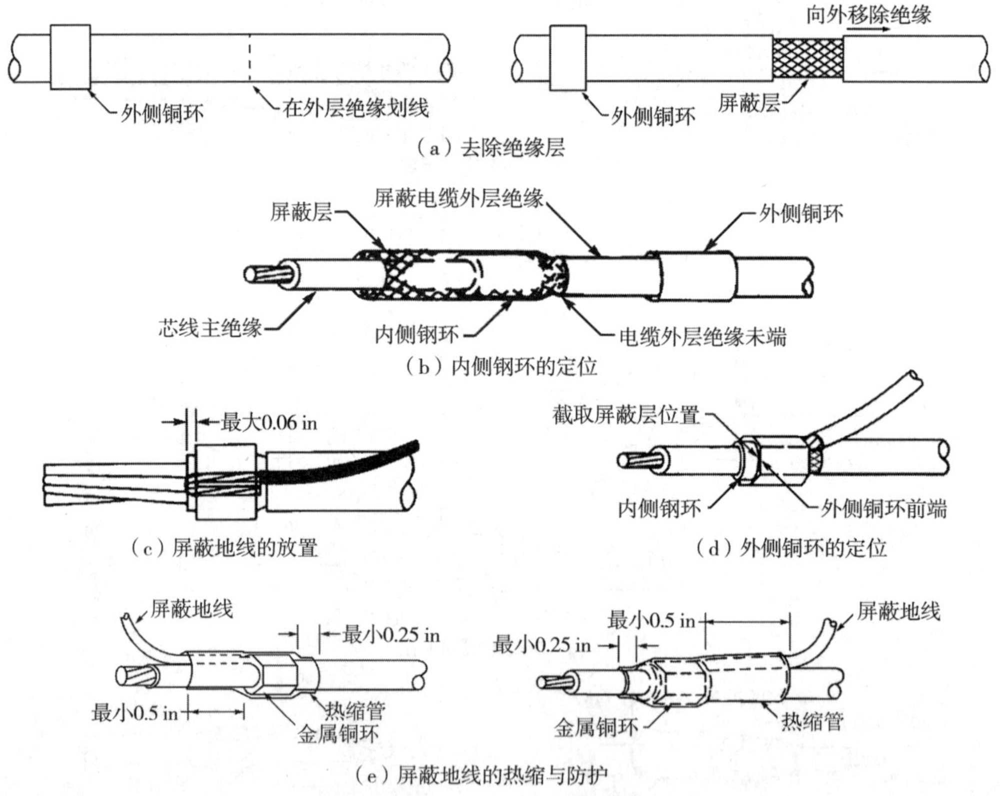

图 2-89　钢环铜环冷夹接法制作屏蔽地线示意图（二）

3）金属小环冷夹接法

金属小环冷夹接法制作的屏蔽地线适用于飞机的所有区域。

根据温度等级选择热缩管的件号，根据屏蔽电缆的使用环境和电缆外层选择 RSK 金属小环的件号，RSK 金属小环的最小直径必须大于电缆屏蔽层回折直径。截取最小长度的屏蔽地线，从屏蔽电缆末端去除 0.35±0.10 in 电缆外层绝缘。在屏蔽电缆外层绝缘层末端将屏蔽层向后折回，确保在电缆上的屏蔽层沿着电缆周围对称且平齐。根据金属小环的件号选择夹接工具，从绝缘导线末端去除 0.3±0.10 in 的绝缘层。将金属小环卡在夹接工具的上下模块中心，将去除绝缘的导线放置在金属小环卡子上，将屏蔽电缆放在金属小环的底部，确保金属小环的后末端与屏蔽层后末端平齐。根据具体需要，可以从前出线，也可以从后出线，夹接金属小环。根据温度等级选择热缩管，夹接后的金属小环直径必须在热缩管的收缩范围之内。截取合适长度的热缩管套在夹接后的金属小环上，按照热缩管施工程序进行施工，如图 2-90 所示。

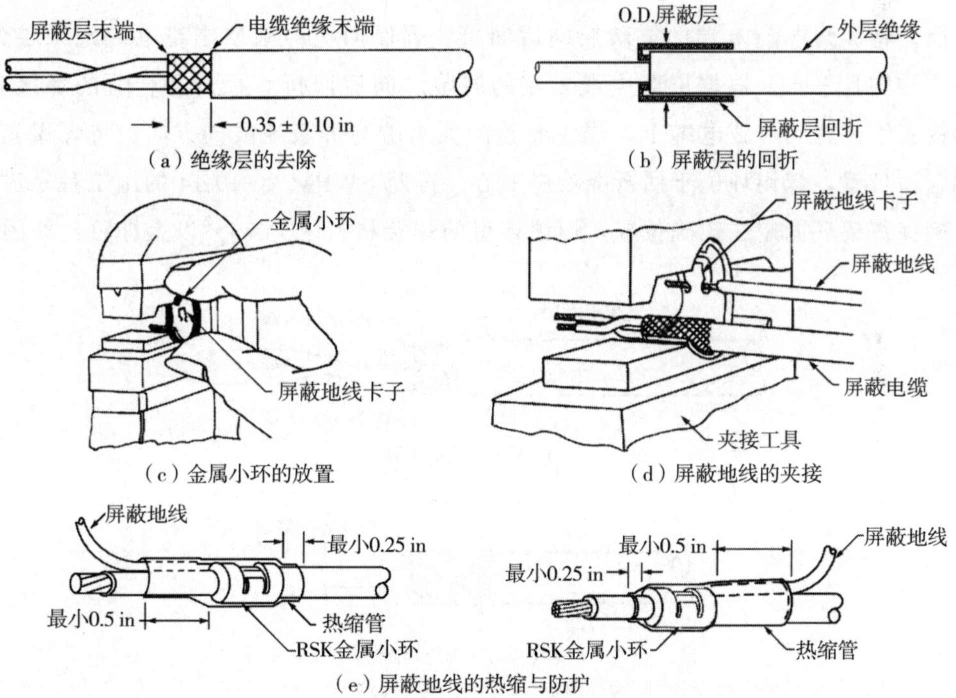

图 2-90　金属小环冷夹接法制作屏蔽地线示意图

4）焊锡套管焊接法

焊接法制作的屏蔽地线适用于飞机温度等级 A 类和 B 类的区域，广泛用于增压区域，不允许在发动机、APU 和高温区域使用。

常用的焊接套管构型如图 2-91 所示。

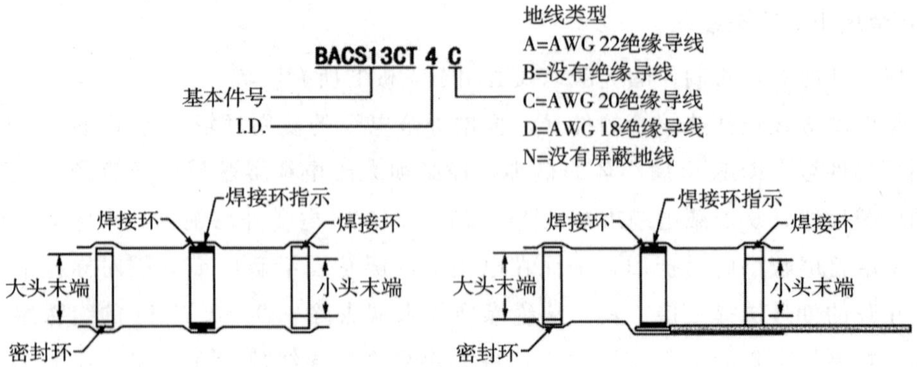

图 2-91　常用的焊接套管构型示意图

根据屏蔽层的回折与否分为两种制作方法。

(1) 屏蔽层回折

从屏蔽电缆末端去除需要的外层绝缘，在屏蔽电缆绝缘层末端留出 0.25±0.06 in 屏蔽层。将屏蔽电缆末端的屏蔽层向后回折，确保回折屏蔽层围绕电缆绝缘层分布，对称、均匀且平齐。根据屏蔽电缆末端的屏蔽层向后回折直径选择合适的焊接套管，将焊锡套管放置到屏蔽电缆上，焊锡套管的大头端与屏蔽地线同方向。将焊锡套管放置到合适位置，焊锡环位于回折屏蔽层中心。按照 SWPM 20-10-14 的施工程序进行施工，确保焊锡环固定在正确位置，焊锡环里的焊接材料融化 75%以上即可，如图 2-92 所示。

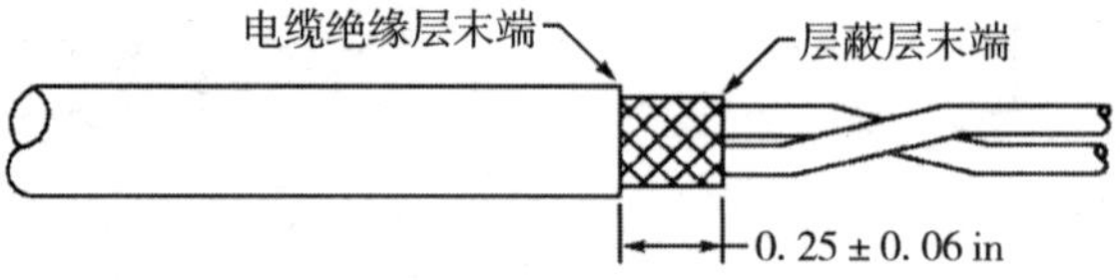

(a) 绝缘层的去除

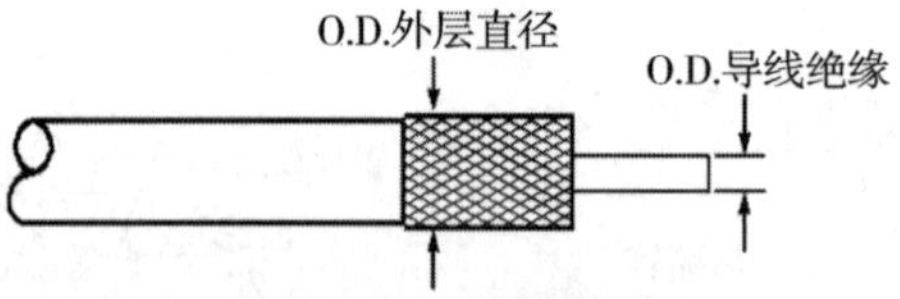

(b) 屏蔽层的回折与焊锡环的选择

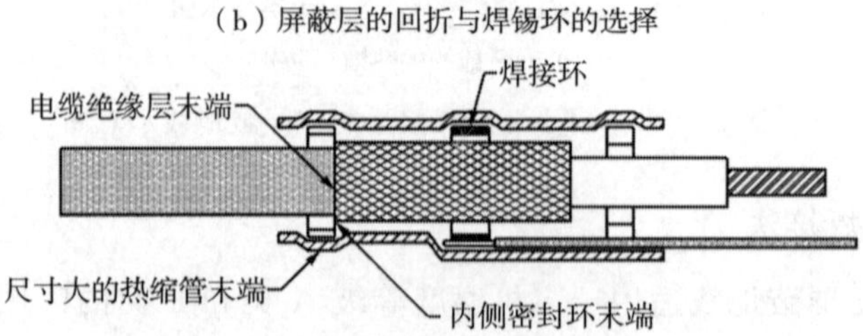

(c) 焊锡环的定位

图 2-92　焊锡套管焊接法制作屏蔽地线示意图（一）

（2）屏蔽层不回折

从屏蔽电缆末端去除需要的外层绝缘，在屏蔽电缆绝缘层末端留出 0.25±0.06 in 屏蔽层。根据屏蔽电缆绝缘层直径和屏蔽层直径选择合适的焊锡套管，并将其放置到屏蔽电缆上，焊锡套管的大头端与屏蔽地线同方向。将焊锡套管放置到合适位置，焊锡环位于回折屏蔽层中心。按照 SWPM 20-10-14 施工程序进行施工，确保焊锡环固定在正确位置，焊锡环里的焊接材料融化 75%以上即可，如图 2-93 所示。

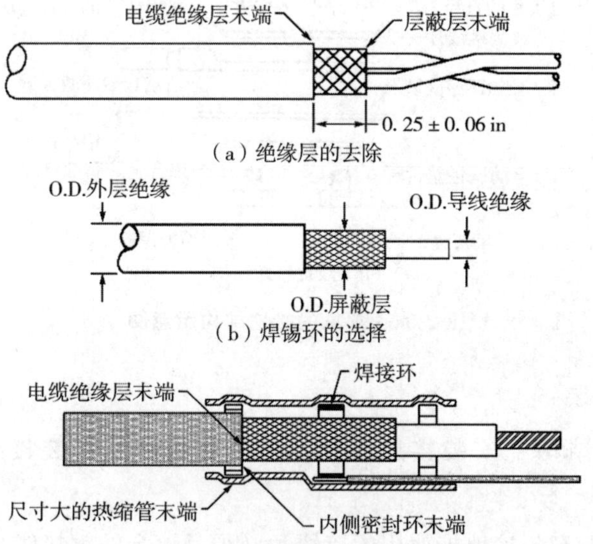

（a）绝缘层的去除
（b）焊锡环的选择
（c）焊锡环的定位

图 2-93　焊锡套管焊接法制作屏蔽地线示意图（二）

4. 接地线的安装

在未使用任何溶剂、研磨剂、研磨刷清洁接触面之前，可以用研磨剂除污、不锈钢研磨刷除污、研磨盘除污、溶剂除漆和金属面溶剂除污。

使用 SWPM 推荐的垫片，接线片必须是镀锡铜、镀镍等材料。常见的接地结构如图 2-94 所示。

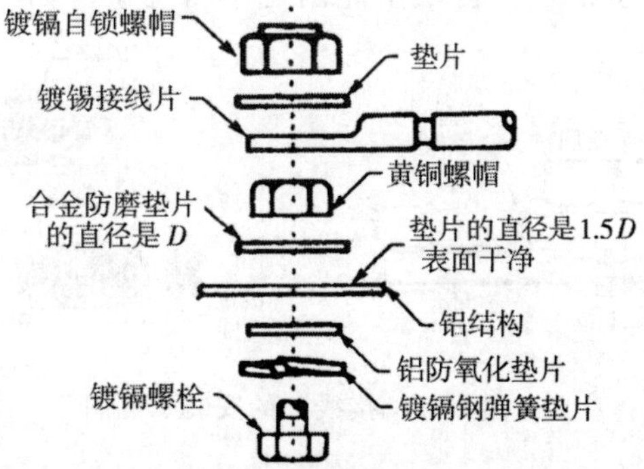

（a）标准接地结构

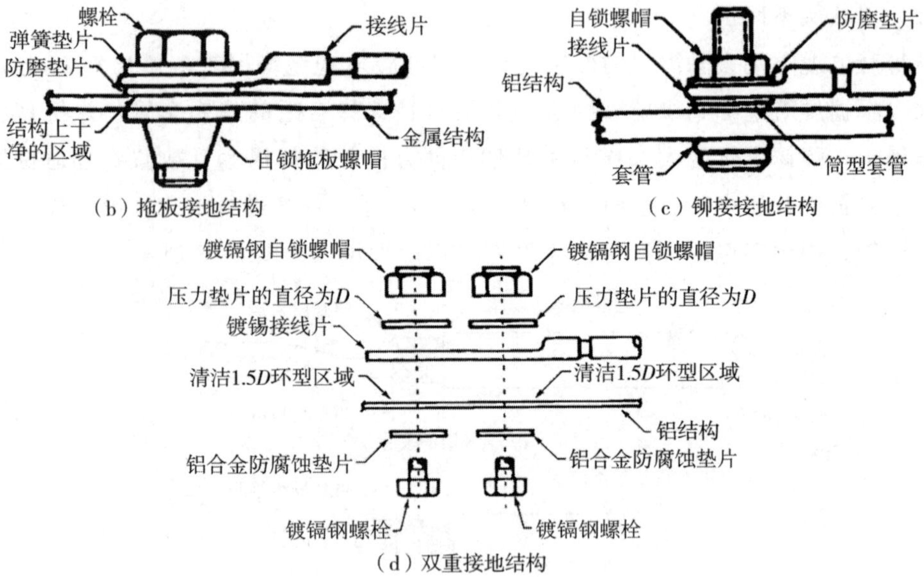

图 2-94　常见的接地结构示意图

1) 接线片的安装

在民用航空器结构上安装接地螺栓，在接地螺栓上安装接线片，必须服从以下规定：

(1) 在铝结构上安装接地桩使用的接线片必须是镀金的铜接线片。

(2) 在钢结构和钛结构上安装接地桩使用的接线片必须是镀镍的接线片。

(3) 在金属管路上使用卡子安装接线片时，卡子必须小心勒紧，确保对金属管子没有造成损伤，不能出现弯曲、变形或接线片固定太紧等现象。

(4) 接线片在安装时只能弯曲一次，接地桩上安装的接线片必须先倾斜再安装。

(5) 在接线片的夹接筒舌部区域，或在安装孔区域，不允许出现弯曲现象。

(6) 在接线片夹接筒的任何区域都不能出现弯曲现象。

(7) 在接线片环形舌部任何区域不能出现弯曲现象，如图 2-95 所示。

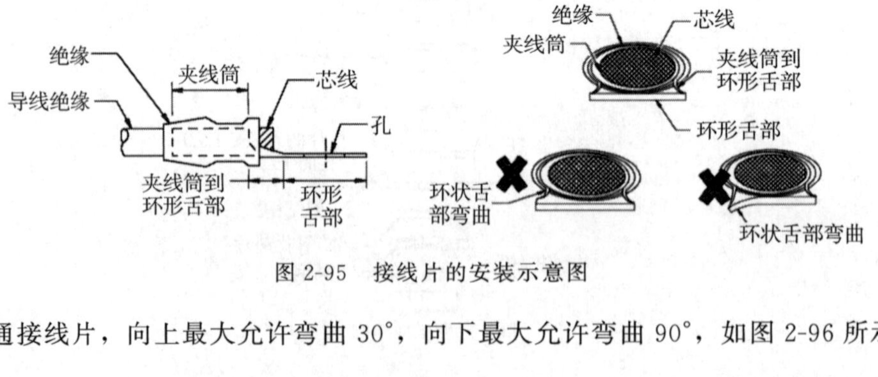

图 2-95　接线片的安装示意图

普通接线片，向上最大允许弯曲 30°，向下最大允许弯曲 90°，如图 2-96 所示。

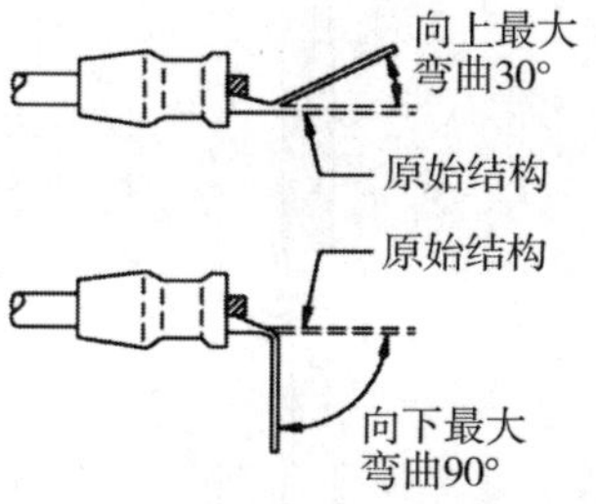

图 2-96　普通接线片允许弯曲角度

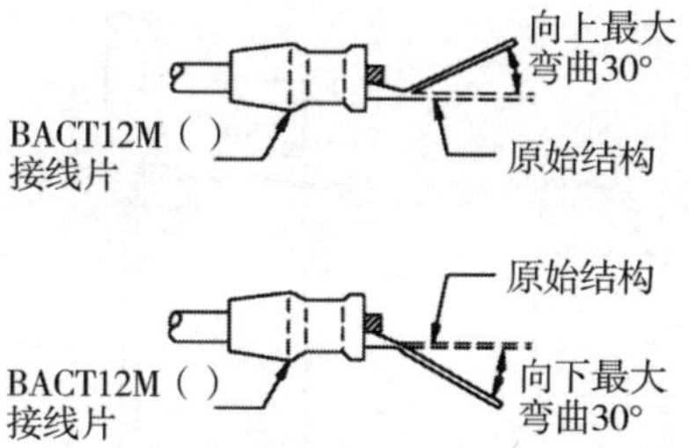

图 2-97　BACT12M（ ）接线片允许弯曲角度

BACT12M（ ）接线片，向上最大允许弯曲 30°，向下最大允许弯曲 30°，如图 2-97 所示。

合金接线片，向上最大允许弯曲 45°，向下最大允许弯曲 45°，如图 2-98 所示。

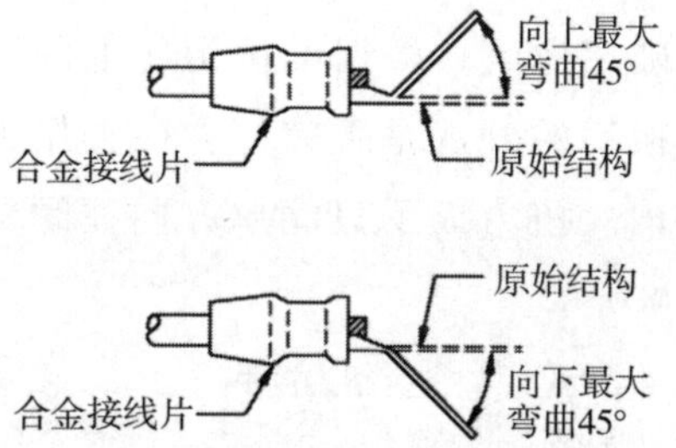

图 2-98　合金接线片允许弯曲角度

接线片在弯曲时没有露出铜而只是镀层表面出现裂纹是允许的，接线片在弯曲时表面镀层脱落是不允许的。

在接地桩上安装的接线片，接线片不能出现晃动，或由于振动原因造成的晃动，或由于其他设备安装螺栓出现的晃动。

当在一个接地桩上安装多个接线片时，大号的接线片必须贴近结构，其他依次按照接线片的大小进行安装。

在安装接线片时，沿着螺栓周围必须平行对称。在安装接线片时，不能与其他接线片或结构出现碰撞现象。在一个接地桩上安装小于 4 个接线片，允许螺帽拧紧后螺栓露出一圈螺纹。

2）接地桩的测量

(1) 扭力扳手或磅表的使用

扭力就是一个物体所受到的轴向扭转力与反作用力，常用扭力扳手来计量螺杆螺母的扭力值。维护工作中经常使用的扭力扳手，按照外形结构分为指针偏转式、表盘式和杆磅扭力扳手，如图 2-99 所示。

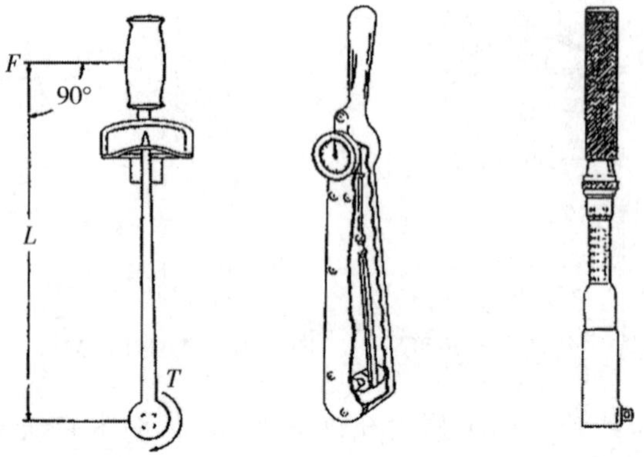

图 2-99　常用的扭力扳手示意图

在紧固螺丝、螺栓、螺母等螺纹紧固件时，需要控制施加力矩的大小，以保证螺纹紧固且不至于因力矩过大破坏螺纹。根据维护手册上的数据要求选择扭力扳手。使用扭力扳手之前，检查扭力扳手的外观是否完好。检查扭力扳手上的校验标签，确认所使用的扭力扳手在校验期内。扭力扳手只能单方向往螺栓、螺母紧的方向旋转，不允许反方向旋转，如图 2-100 所示。

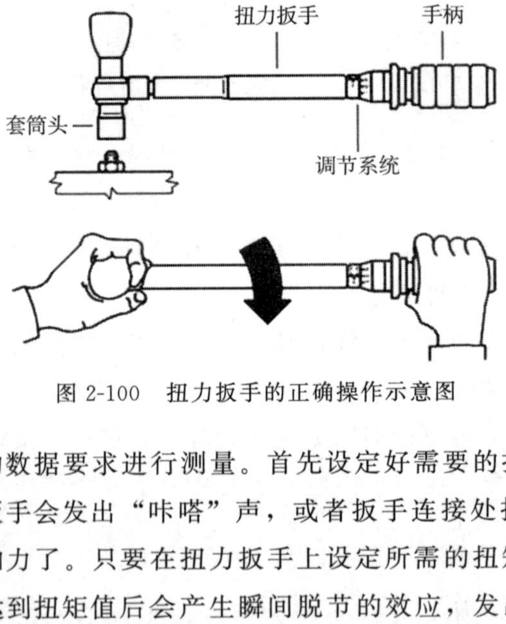

图 2-100　扭力扳手的正确操作示意图

根据相关手册上的数据要求进行测量。首先设定好需要的扭矩值上限，当施加的扭矩达到设定值时，扳手会发出“咔嗒”声，或者扳手连接处折弯一点角度，这就代表已经紧固，不要再加力了。只要在扭力扳手上设定所需的扭矩值，锁定扭矩扳手开始拧紧螺栓，当螺栓达到扭矩值后会产生瞬间脱节的效应，发出“咔嗒”声，由此确认是否达到扭矩值。测量时，手要把握在把手的有效范围，沿垂直于管身方向慢慢地加力，直至听到到达设定的量值后发出的声音。在施力过程中，其垂直度偏差不应超过 10°，其水平方向偏差不应超过 3°。在测量时，应在加力把持端上施加一个垂直向下的稳定力。注意：磅表是一个精确的量具，不允许把磅表当套筒扳手使用，更不允许把磅表当榔头使用。

（2）接地桩的测试和最大允许电阻

接地桩的测试和最大允许电阻如图 2-101 所示。

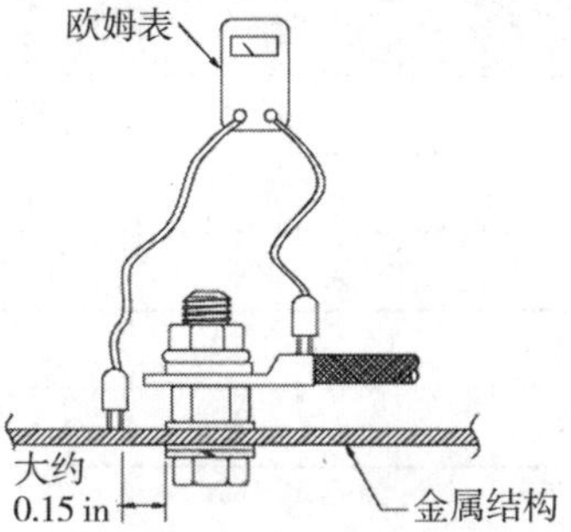

接地桩	最大电阻（Ω）
10–32	0.001
1/4–18	0.001
5/6–24	0.000 7
3/8–24	0.000 1
1/2–20	0.000 1

图 2-101　接地桩的测试和最大允许电阻示意图

2.3　技能训练

2.3.1　飞机导线绝缘层的修理

工卡标题	飞机导线绝缘层的修理				
机型	波音 737NG		工种		
机号	N/A		工作区域		
版本	R1		工时		
参考文件	波音 737NG 维修手册和技术文件（WDM、SWPM）				
注意事项	1. 工作前按规定将整机断电，挂警告牌，注意静电防护。 2. 确认飞机其他系统的工作不影响该区域的导线维护作业。 3. 工作中防止划伤、磨伤、扎伤电缆和导线。				
编写/修订		审核		批准	
日期		日期		日期	

工量具/设备/材料				
类别	名　称	规格型号	单位	数量
工量具	剪刀	通用	把	6
	万用表	MY60	块	6
	兆欧表	500 V	块	6
	标准工具箱	通用	个	6
设备	线路施工综合练习架	自制	台	1

类别	名　称	规格型号	单位	数量
材料	导线	20 号	根	按需
	扎线	NSA/替代品	卷	按需
	胶带	替代品	卷	按需
	酒精	乙醇	瓶	按需
	棉签	通用	根	按需

1. 工作任务

飞机导线绝缘层的修理

2. 工作准备

准备相关工具与耗材：
(1) 到工具房领取工量具。
(2) 检查工量具情况，应外表完好无损伤，功能正常。
(3) 领取耗材。
(4) 办理好领取手续。

3. 工 作 步 骤

飞机 B2640 上有一根编号为 W0204-5501-20 的导线绝缘层破损，请 WDM、SWPM 中找到修理所需要材料的件号、修理方法及程序。
查询关键词：repair（修理）；tape（胶带）；film strip（胶带）；insulation（绝缘层）；isopropyl alcohol（乙醇酒精）
1) 导线绝缘层损伤修理手册查询
飞机的有效性代码：________
导线的类型：________
导线的件号：________
导线绝缘层修理的条件：________
导线绝缘层损伤修理程序章节号：________
胶带的件号：________
扎绳的件号：________
扎绳丁香结标准施工程序章节号：(需记录施工步骤) ________
导线绝缘层修理标准施工程序章节号：(需记录施工步骤) ________

2) 扎绳线捆扎标准施工
(1) 扎线选用
捆扎线根据导线束安装环境的温度选取。
(2) 捆扎方法
步骤 1：扎线在导线束上绕两个圈。

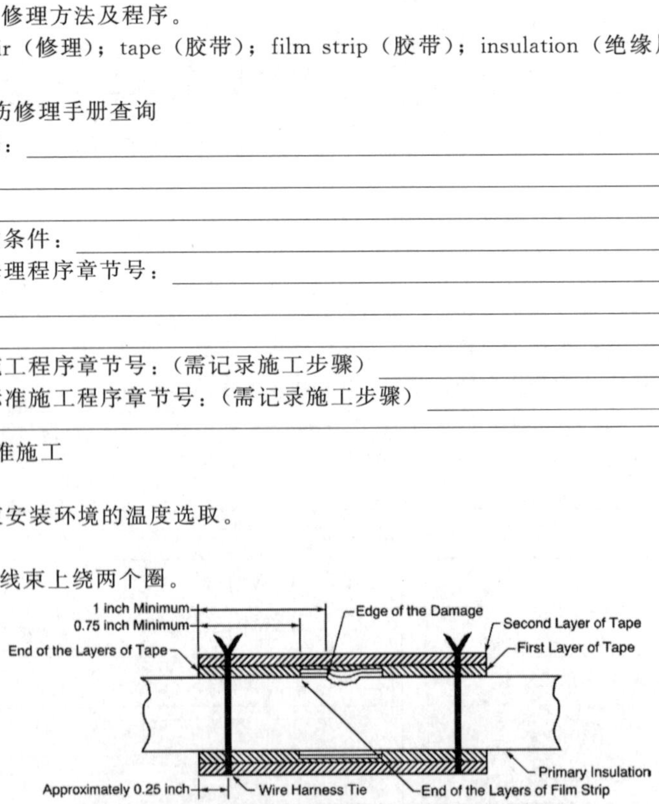

TAPE AND WIRE HARNESS TIES ON THE INSULATION WITH DAMAGE
Figure 72

步骤 2：在两个环上增加两个方结。

步骤 3：使用剪刀切断扎线，留下 10 mm（0.393 7 in）。

3）导线绝缘层标准线路施工

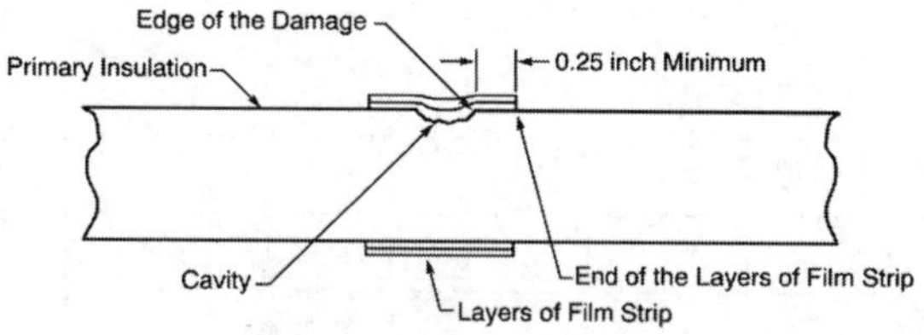

CAVITY FILLED WITH FILM STRIP
Figure 71

4. 结束工作

（1）清点工具和设备。
（2）清扫现场。
（3）归还工具，回收余料。
（4）在工具室归还登记簿上做好归还记录。

2.3.2　飞机导线芯线的修理

工卡标题	飞机导线芯线的修理		
机型	波音 737NG	工种	
机号	N/A	工作区域	
版本	R1	工时	4 h
参考文件	波音 737NG 维修手册和技术文件（WDM、SWPM）		
注意事项	1. 工作前按规定将整机断电，挂警告牌，注意静电防护。 2. 确认飞机其他系统的工作不影响该区域的维护作业。 3. 工作中防止划伤、磨伤、扎伤电缆和导线。		

编写/修订		审核		批准	
日期		日期		日期	

工量具/设备/材料				
类别	名　称	规格型号	单位	数量
工量具	剪刀	通用	把	6
	夹接工具	手册查询	把	6

类别	名　称	规格型号	单位	数量
工量具	剥线钳	手册查询	把	6
	热风枪	手册查询	把	6
	剪线钳	通用	把	6
	万用表	MY60	块	6
	兆欧表	500 V	块	6
	标准工具箱	通用	个	6
设备	线路施工综合练习架	自制	台	1
材料	航空导线	20 号	根	6
	热缩管	手册查询	个	6
	拼接管	手册查询	个	6

1. 工作任务

飞机导线绝缘层的修理

2. 工作准备

准备相关工具与耗材：
(1) 到工具房领取工量具。
(2) 检查工量具情况，应外表完好无损伤，功能正常。
(3) 领取耗材。
(4) 办理好领取手续。

3. 工 作 步 骤

飞机 B2640 上有一根编号为 W0204-5501-20 的导线芯线破损，请在 WDM、SWPM 中找到修理所需要材料的件号、修理方法及程序。

查询关键词：unshield wire（非屏蔽导线）；repair（修理）；conductor（芯线）；insulation（绝缘层）；splice kit（拼接套件）；butt splice（金属拼接管）；crimp tool（压接工具）；shrink（热缩）；sleeve（套管）；hot air guns（热风枪）

1) 导线芯线损伤修理手册查询

飞机的有效性代码：______________________

导线的类型：______________________

导线的件号：______________________

导线芯线修理的条件：______________________

剥线工具件号：______________________

剥线长度：______________________

导线芯线损伤修理程序章节号：______________________

拼接套件-拼接管件号：______________________

拼接套件-热缩管件号：______________________

拼接管夹接工具件号：______________________

拼接管夹接筒尺寸：______________________

拼接管标准施工程序章节号：（需记录施工步骤）______________________

热缩工具件号：______________________

热缩标准施工程序章节号：（需记录施工步骤）______________________

2）导线芯线损伤标准施工

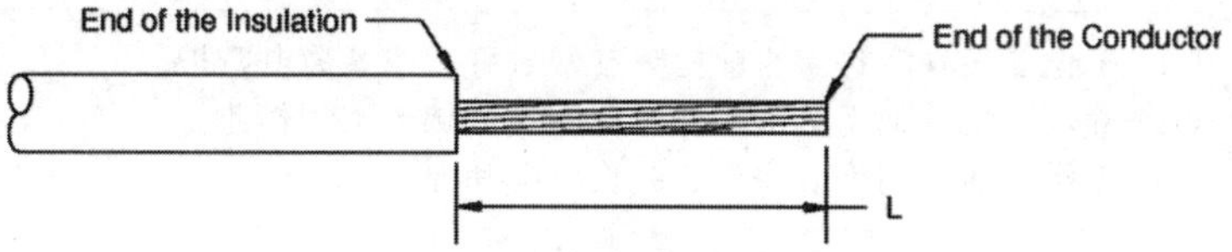

INSULATION REMOVAL LENGTH
Figure 56

Table 69
INSULATION REMOVAL LENGTH

Butt Splice	Removal Length L (inch)	
	Target	Tolerance
D-609-06	0.28	±0.03
D-609-07	0.28	±0.03
D-609-08	0.28	±0.03

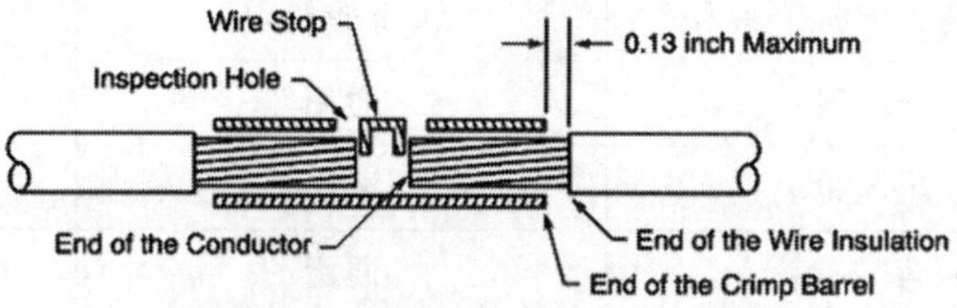

POSITION OF ONE WIRE IN THE BUTT SPLICE

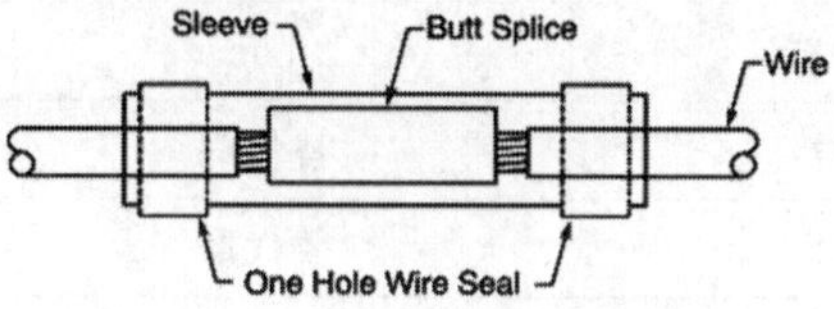

POSITION OF THE SLEEVE ON ONE WIRE

3）线路通路和绝缘电阻测量

（1）利用万用表测量导通电阻：________________

（2）利用兆欧表测量绝缘电阻：________________

4. 结束工作

（1）清点工具和设备。

（2）清扫现场。

（3）归还工具，回收余料。

（4）在工具室归还登记簿上做好归还记录。

2.3.3 飞机屏蔽地线的制作与修理

工卡标题	飞机屏蔽地线的制作与修理		
机型	波音 737NG	工种	
机号	N/A	工作区域	
版本	R1	工时	4 h

参考文件	波音 737NG 维修手册和技术文件（WDM、SWPM）				
注意事项	1. 工作前按规定将整机断电，挂警告牌，注意静电防护。 2. 确认飞机其他系统的工作不影响该区域的维护作业。 3. 工作中防止划伤、磨伤、扎伤电缆和导线。				
编写/修订		审核		批准	
日期		日期		日期	

工量具/设备/材料

类别	名　称	规格型号	单位	数量
工量具	剥线钳	通用	把	6
	剪线钳	通用	把	6
	接线片夹接工具	按手册要求	把	6
	毫欧表	通用	块	6
	热风枪	通用	把	6
	标准工具箱	通用	个	6
设备	线路施工综合练习架	自制	台	1
材料	屏蔽导线	1 m	根	按需
	接线片	替代品	个	6
	焊锡环	替代品	个	6

1. 工作任务

飞机屏蔽地线的制作与修理

2. 工作准备

准备相关工具与耗材：

(1) 到工具房领取工量具。

(2) 检查工量具情况，应外表完好无损伤，功能正常。

(3) 领取耗材。

(4) 办理好领取手续。

3. 工作步骤

飞机 B2640 上导线 W0121-2023R-24 导线地线存在故障，查询手册获得相关修理信息。

查询关键词：solder sleeveh（焊锡环）；shield ground wire（屏蔽地线）；terminal lug（接线片）；abrasive material（砂纸）

1) 屏蔽地线手册信息查询

找到用低温焊锡环制作屏蔽地线标准施工章节号：________________

导线件号：________________

导线 O. D.：________________

屏蔽层件号：＿＿＿＿ 低温焊锡环件号：＿＿＿＿ 接线片件号：＿＿＿＿ 接线片夹接工具件号：＿＿＿＿ 接线片标准施工程序章节号：＿＿＿＿
2）低温焊锡环屏蔽地线制作标准施工 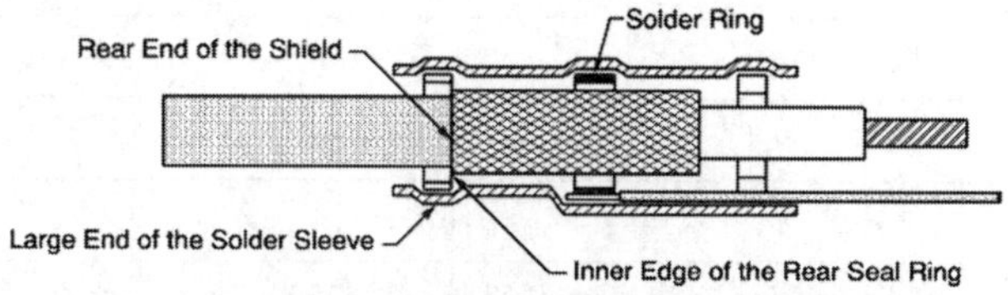 POSITION OF THE SOLDER SLEEVE AND THE SHIELD GROUND WIRE
4. 结束工作
（1）清点工具和设备。 （2）清扫现场。 （3）归还工具，回收余料。 （4）在工具室归还登记簿上做好归还记录。

2.3.4 飞机导线束的捆扎与敷设

工卡标题	飞机导线束的捆扎与敷设				
机型	波音 737NG		工种		
机号	N/A		工作区域		
版本	R1		工时	4 h	
参考文件	波音 737NG 维修手册和技术文件（WDM、SWPM）				
注意事项	1. 工作前按规定将整机断电，挂警告牌，注意静电防护。 2. 确认飞机其他系统的工作不影响该区域的维护作业。 3. 工作中防止划伤、磨伤、扎伤电缆和导线。				
编写/修订		审核		批准	
日期		日期		日期	

工量具/设备/材料				
类别	名　称	规格型号	单位	数量
工量具	剪刀	通用	把	6
	扎带枪	GS2B	把	6
	钢板尺	30 cm	把	6
	万用表	MY60	块	6
	兆欧表	500 V	块	6

类别	名　称	规格型号	单位	数量
设备	线路施工综合练习架	自制	台	1
材料	电缆	1 m	根	按需
	扎带	NSA/替代品	根	按需
	扎线	NSA/替代品	卷	按需
	线卡	10 mm	10 个	按需
	螺杆	30 mm	10 套	按需

1. 工作任务

飞机导线束的捆扎与敷设

2. 工作准备

准备相关工具与耗材：
(1) 到工具房领取工量具。
(2) 检查工量具情况，应外表完好无损伤，功能正常。
(3) 领取耗材。
(4) 办理好领取手续。

3. 工作步骤

飞机 B2640 上温度等级为 B、振动等级为 2、抗腐蚀等级为 1 区域的导线束存在松动，查询手册获得相关修理信息。
查询关键词：wire harness ties（导线束捆扎）；plastic tie（扎带）；clove hitch knot（丁香结）；square knot（直角结）；tape（胶带）；strip（剥离）；lacing tape（打结）；strap（捆扎）；clamp（夹紧）
1) 增压区和普通区域导线的捆扎手册查询
在 SWPM 中找到增压区和普通区域捆扎线的件号、捆扎方法、程序。
捆扎线件号：________________
扎线捆扎程序章节号：________________

2) 扎线捆扎标准施工
选择正确的扎线，根据增压区和普通区域导线捆扎方法、程序进行导线束的捆扎。
(1) 扎线选用
捆扎线根据导线束安装环境的温度选取。
(2) 捆扎方法
步骤 1：扎线在导线束上绕两个圈。
步骤 2：在两个环上增加两个方结。
步骤 3：使用剪刀切断扎线，留下 10 mm (0.393 7 in)。

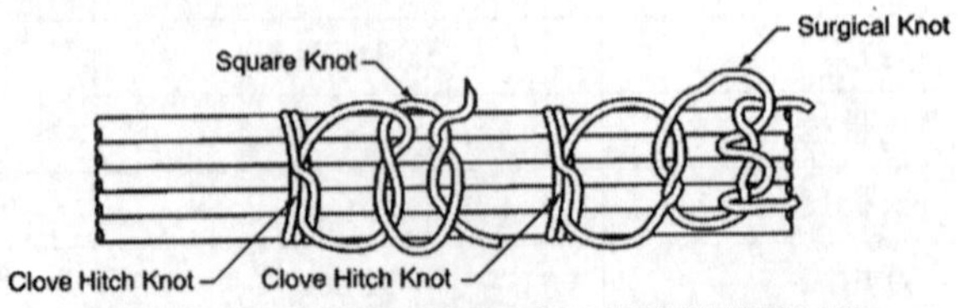

SQUARE AND SURGICAL KNOTS OF A WIRE HARNESS TIE
Figure 18

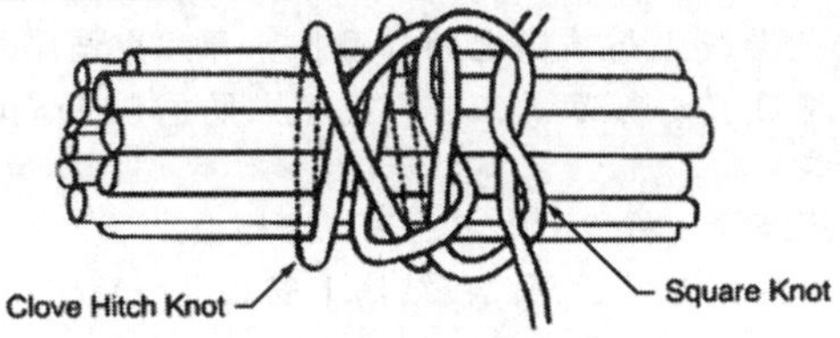

SQUARE KNOT OF A WIRE HARNESS TIE
Figure 15

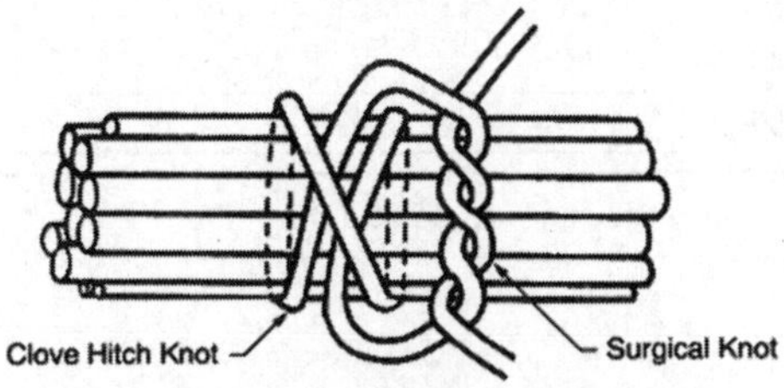

SURGICAL KNOT OF A WIRE HARNESS TIE
Figure 16

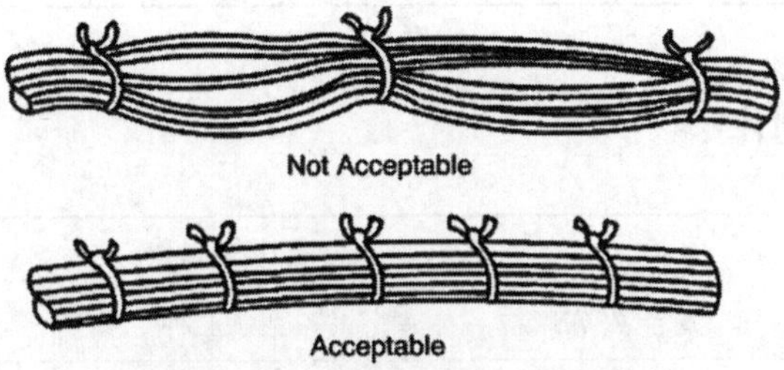

INTERVALS FOR WIRE HARNESS TIES
Figure 3

3）增压区和普通区域导线的捆扎手册查询

在 SWPM 中找到增压区和普通区域扎带的件号、捆扎方法、程序。

扎带件号：________________

扎带捆扎程序章节号：________________

4）扎带捆扎标准施工

选择正确的扎带，根据增压区和普通区域导线捆扎方法、程序进行导线束的捆扎。

（1）扎带选择

根据已知电缆直径为 10 mm 的线束，选择代码为 3 的扎带（宽度 2.5 mm，长度 102 mm）进行捆扎。

（2）捆扎方法

步骤 1：将扎带绕在线束上，带齿的一面朝里。

步骤 2：手动拉紧扎带轻轻系紧线束。

步骤 3：将扎带扣入扎带枪的头部，扣动扳机直到扎带拉断为止。

5）导线束的敷设与支撑

（1）在 SWPM 中找到增压区和普通区域导线束敷设与支撑的方法、程序。

（2）根据导线的分类，注意敷设中导线束的安全距离。

导线束敷设标准施工章节号：________________

导线束支撑标准施工章节号：________________

注意：在安装过程中，应避免导线束与结构之间的摩擦，导线束与结构之间的距离不得少于 10 mm。如果无法满足最低距离要求，则必须在结构上粘贴防磨胶带，或者在导线束加装套管进行防护。 (3) 选择正确的导线束卡子用螺栓，将线束固定在飞机结构上。 注意：导线束要与导线束卡子内部结合紧密。在结构上安装导线束卡子时，需要注意导线束卡子安装的方向。
6) 线路通路和绝缘电阻测量 (1) 利用万用表测量导通电阻：__________________ (2) 利用兆欧表测量绝缘电阻：__________________
4. 结束工作
(1) 清点工具和设备。 (2) 清扫现场。 (3) 归还工具，回收余料。 (4) 在工具室归还登记簿上做好归还记录。

2.3.5 接线片的制作

工卡标题	接线片的制作				
机型	波音 737NG		工种		
机号	N/A		工作区域		
版本	R1		工时	4 h	
参考文件	波音 737NG 维修手册和技术文件（WDM、SWPM）				
注意事项	1. 工作前按规定将整机断电，挂警告牌，注意静电防护。 2. 确认飞机其他系统的工作不影响该区域的维护作业。 3. 工作中防止划伤、磨伤、扎伤电缆和导线。				
编写/修订		审核		批准	
日期		日期		日期	

工量具/设备/材料				
类别	名　称	规格型号	单位	数量
工量具	剥线钳	通用	把	6
	剪线钳	通用	把	6
	夹接工具	按手册要求	把	6
	标准工具箱	通用	个	6
设备	线路施工综合练习架	自制	台	1
	接地桩	10#	个	6

类别	名　称	规格型号	单位	数量
材料	电缆	1 m	根	按需
	接线片	替代品	个	6
	砂纸	400＃	块	1

1. 工作任务

接线片的制作

2. 工作准备

准备相关工具与耗材：
(1) 到工具房领取工量具。
(2) 检查工量具情况，应外表完好无损伤，功能正常。
(3) 领取耗材。
(4) 办理好领取手续。

3. 工作步骤

飞机 B5671 接地桩 GD596-AC 上导线 W2102-5535-20 的接线片损坏，请参考相应手册制作接线片。
查询关键词：terminal lug（接线片）；abrasive material（砂纸）
1) 接线片手册查询
导线束件号：________________
导线件号：________________
导线 CAU：________________
接地桩尺寸：________________
绝缘层剥离工具件号：________________
绝缘层剥离标准施工程序件号：________________
接线片件号：________________
接线片夹接工具件号：________________
接线片标准施工程序章节号：________________

2) 接线片标准施工
(1) 当接线片用于高温区或高振动区时，只能使用高强度合金接线片。要求导线露出加紧套管末端 0.06 in（1.5 mm）。

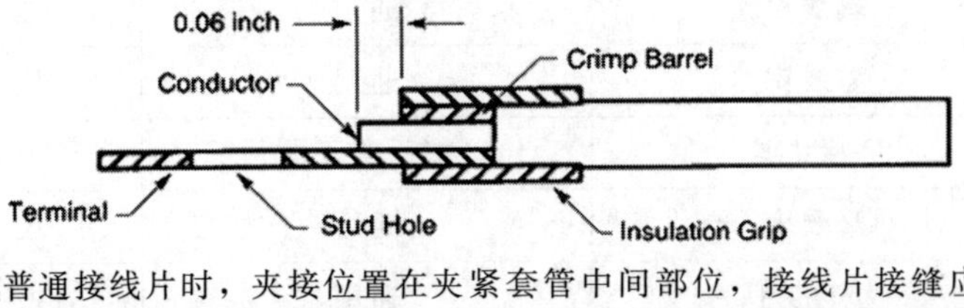

(2) 夹接其他区域普通接线片时，夹接位置在夹紧套管中间部位，接线片接缝应在夹线钳半圆中间部位。

(3) 夹接端子不带绝缘的接线片时，AWG 10 或更细导线，应加热缩管。

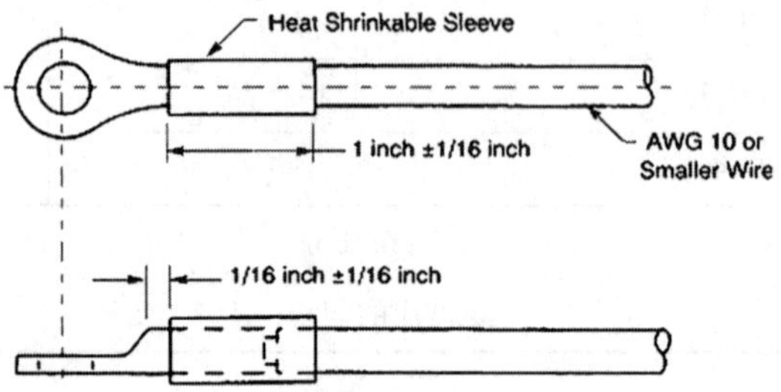

4. 结束工作

(1) 清点工具和设备。
(2) 清扫现场。
(3) 归还工具，回收余料。
(4) 在工具室归还登记簿上做好归还记录。

2.3.6 接地桩的装配与测量

工卡标题	接地桩的装配与测量		
机型	波音 737NG	工种	
机号	N/A	工作区域	
版本	R1	工时	4 h
参考文件	波音 737NG 维修手册和技术文件（WDM、SWPM）		
注意事项	1. 工作前按规定将整机断电，挂警告牌，注意静电防护。 2. 确认飞机其他系统的工作不影响该区域的维护作业。 3. 工作中防止划伤、磨伤、扎伤电缆和导线。		

编写/修订		审核		批准	
日期		日期		日期	

工量具/设备/材料				
类别	名　称	规格型号	单位	数量
工量具	剥线钳	通用	把	6
	剪线钳	通用	把	6
	夹接工具	按手册要求	把	6
	毫欧表	通用	块	6
	力矩扳手	通用	把	6
	标准工具箱	通用	个	6

类别	名　称	规格型号	单位	数量
设备	线路施工综合练习架	自制	台	1
	接地桩	10＃	个	6
材料	电缆	1 m	根	按需
	接线片	替代品	个	6
	自锁螺帽	10＃	个	6
	砂纸	400＃	块	1

1. 工作任务

接地桩的装配与测量

2. 工作准备

准备相关工具与耗材：
(1) 到工具房领取工量具。
(2) 检查工量具情况，应外表完好无损伤，功能正常。
(3) 领取耗材。
(4) 办理好领取手续。

3. 工作步骤

飞机 B5671 接地桩 GD596-AC 上导线 W2102-5535-20 的接线片损坏，请参考相应手册安装接线片、制作接地桩并测量。

查询关键词：ground stud（接地桩）；resistance（电阻）；ohm（毫欧）；torque（力矩）；nut（螺帽）

1）接地桩安装手册查询

接地桩安装标准施工程序章节号：______

接地电阻测量标准施工程序章节号：______

力矩扳手件号：______

力矩值：______

接地电阻测量工具件号：______

接地电阻最大值：______

2）接地桩安装标准施工

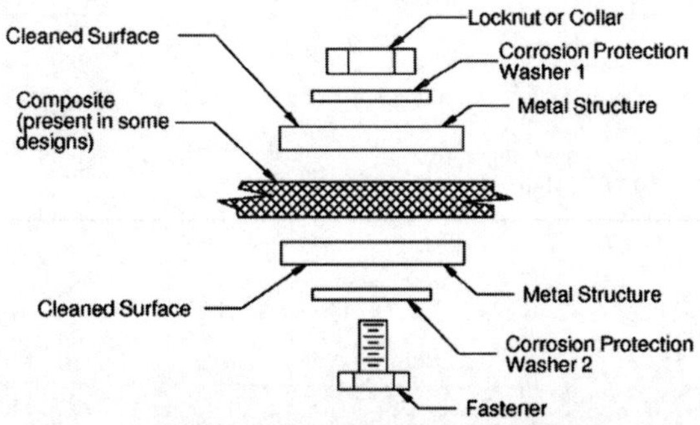

PRE-INSTALLED CLEARANCE FIT FASTENER

3）接地电阻测量标准施工

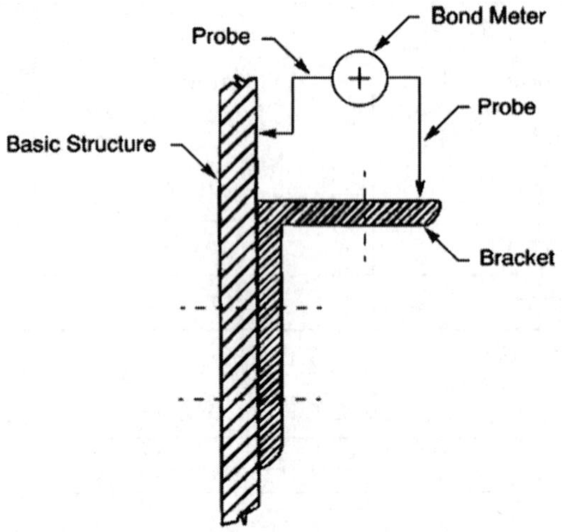

TEST POINTS FOR A BRACKET TO STRUCTURE BOND

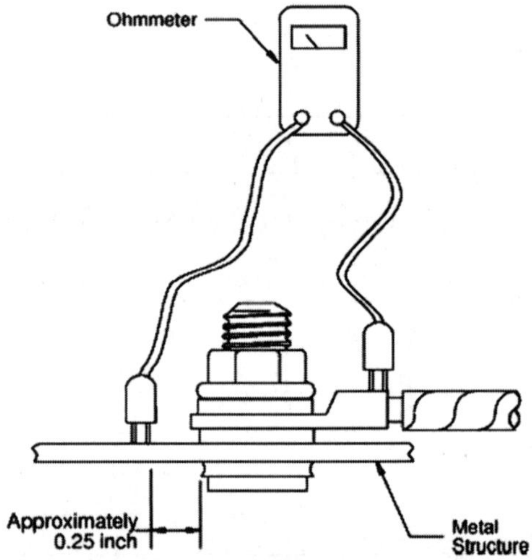

TEST POINTS FOR A BACS53B OR MIL-T-83454/4 PRE-INSTALLED GROUND STUD ASSEMBLY
Figure 67

4. 结束工作

(1) 清点工具和设备。
(2) 清扫现场。
(3) 归还工具，回收余料。
(4) 在工具室归还登记簿上做好归还记录。

项目3　飞机电气连接器的施工

3.1　电气连接器的整体描述

3.1.1　插头插座的种类

按形状分，可分为圆形、方形和特殊形。

按材料分，可分为合金、钢等。

按衔接方式分，可分为螺纹式、快卸式、自锁式。

按插钉分，可分为前卸式、后卸式。

按安装位置，可分为设备架上、脱开支架上。

3.1.2　电气插头的清洁

材料（溶剂）：异丙基醇（酒精）、丙酮和氟利昂（氟氯烷）。

注意：异丙基醇和氟利昂需要在空气中风干 1 h，丙酮可用空气或氮气吹干。

3.1.3　插头的结构说明

MIL-C-26500 说明在 SWPM 20-61-11。

后拆式插头系列说明在 SWPM 20-63-00。

设备架和面板插头说明在 SWPM 20-71-00。

3.1.4　MIL-C-26500 系列插头插座

1. 插头插座件号的说明

可以参考 SWPM 20-61-11 的说明。如图 3-1 所示为某一种件号的说明。

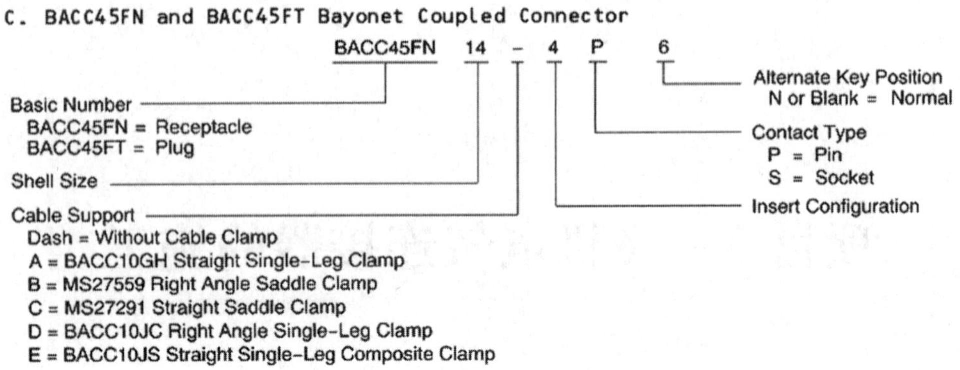

（a）标准件

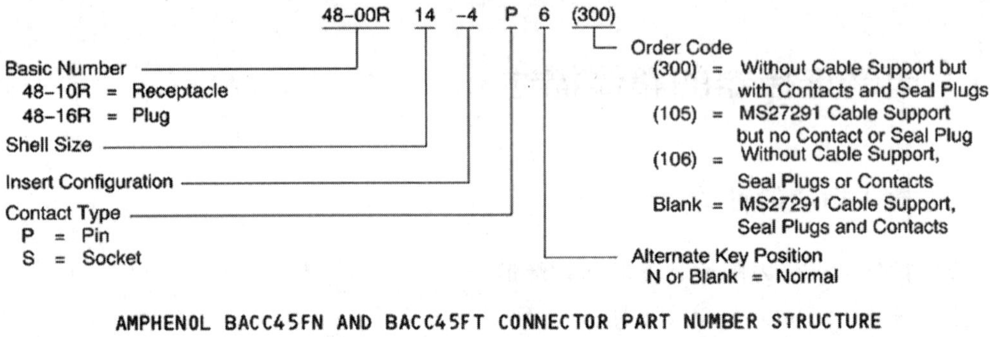

（b）供应商

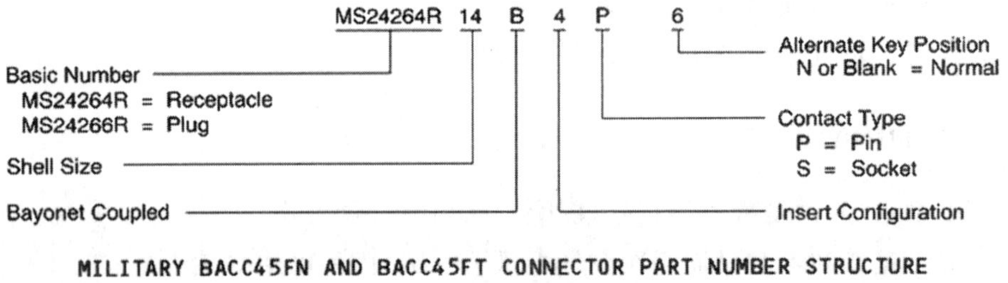

（c）军标

图 3-1　连接器件号说明截图

2. 件号的查询

选择插头插座的件号时，应先考虑用波音标准件，再考虑使用供应商替代件，最后才考虑使用军标替代件。件号可以通过 WDM-EQ 查询。例如，设备号是 D41506J 的插座，可以从设备清单中查到其件号是 BACC45FN18-14S，如图 3-2 所示。

Equip	Opt	Part Number Part Description	Used On Dwg Vendor	Qty	Diagram Station / WL / BL	Effectivity
D41506J	1	BACC45FN18-14S RCPT-	81205	1	33-25-14 1295/290/L40	105-199
D41506P	1	BACC45FT18A14P PLUG-	81205	1	33-25-14 1295/290/L40	105-199
D41513J	1	BACC45FN12-12S8 RCPT-	81205	1	23-32-02 E004-03/ /	008-010, 101-199, 206-299
D41513J	1	BACC45FN12-12S8 RCPT-	81205	1	23-32-02 E4-3/ /	051-099
D41513P	1	BACC45FT12A12P8 PLUG	81205	1	23-32-02 E004-03/ /	008-099, 101-199, 206-299
D41515J	1	BACC45FN10-5S PLUG	81205	1	23-32-02 E004-04/ /	008-010, 101
D41515J	1	BACC45FN10-5S RECP	81205	1	23-32-02 E004-04/ /	051-099
D41515J	1	BACC45FN10-5S RCPT	81205	1	23-32-02 E004-04/ /	102-199, 206-299
D41515P	1	BACC45FT10A5P PLUG	81205	1	23-32-02 E4-4/ /	008-099, 101-199, 206-299

图 3-2 插头件号的查询截图

3. 插钉的选择

选择插钉的时候，应先考虑用波音标准件，再考虑使用供应商替代件，最后才考虑使用军标替代件。

插钉的类型有标准钉、热电偶钉、屏蔽钉、特殊钉、同轴钉等，如图 3-3 所示。

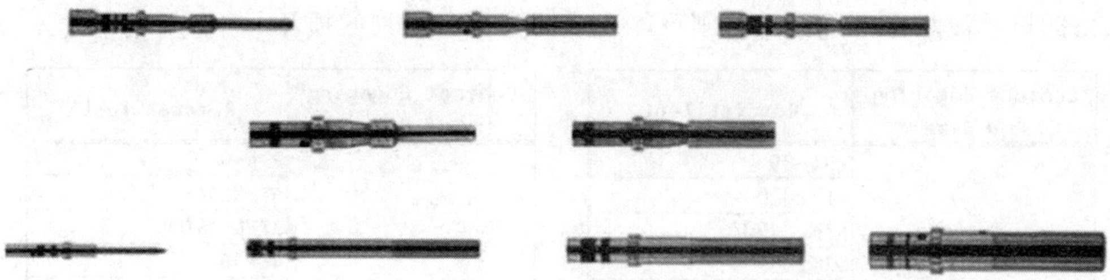

图 3-3 插钉的外形示意图

标准钉根据插钉镀层材料分为镀金钉、局部镀金钉、镀铑钉。具有色带标识，有一个环或两个环，双、单环与钉号相对应，红色 20 号、蓝色 16 号、黄色 12 号。双黑色代表局部镀金。军标替代钉采用一、二、三色带，但其色带并不代表钉号。

热电偶钉的镀层有三种，常用钉号有 12 号、16 号、20 号。

特殊钉的接线处有线桶，尺寸有 12 号、16 号、20 号。

屏蔽钉分为镀金钉、铑钉。

同轴钉分为 8 号、12 号。

4. 插头、插座的内部构型

从内部构型可以得到插钉的尺寸，进而可以确定插钉的件号，如图 3-4 所示。

Insert Configuration	Contact		Reference
	Count	Size	
12-12	12	20	Figure 60
14-3	1	8	Figure 61
	2	16	
14-4	4	12	Figure 61
14-7	7	16	Figure 61
14-12	3	16	Figure 61
	9	20	
14-15	15	20	Figure 61

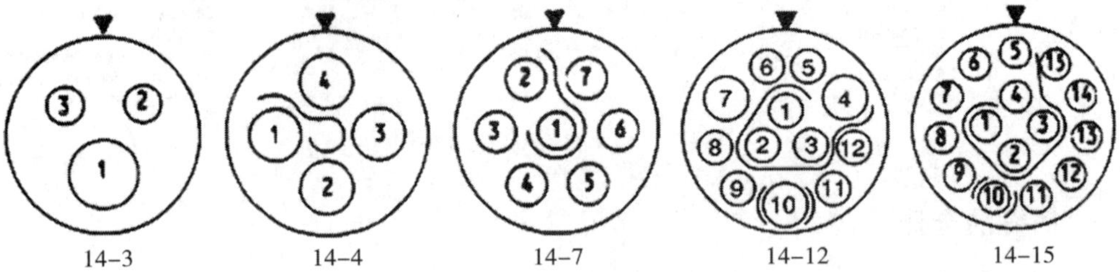

图 3-4　插钉的构型截图

5. 退钉工具

根据插钉的尺寸，可以找到退钉工具，如图 3-5 所示。从插头前面插入工具，从后面取出插钉。注意操作规范，否则可能造成插头或者工具的损坏。

Contact Engaging End Size	Removal Tool
20	294-89
	AT 2020
	ATML 1907
	DRK20
	M81969/19-06
	M81969/19-07
	MS24256R20
	RX20-24
	RX20-24V5
	ST2220-3-13
	ZZL-R-9511-20

Contact Engaging End Size	Removal Tool
16	294-97
	AT 2016
	ATML 1908
	DRK16
	DRK56-16
	MS24256R16
	MS24256-16
	M81969/19-01
	M81969/19-08
	MS24256R16
	RX16-7
	RX16-8
	ST2220-3-14
	ZZL-R-9511-16

图 3-5　退钉工具查询截图

3.2　常用工具及其使用

3.2.1　压线工具

以 M22520/1-01 压线钳为例，如图 3-6 所示。

1. 塔头组件的安装

(1) 按压并松开板柄。

(2) 把塔头组件装在定位环上，并用 1/64 in 的内六角板头固定。

(3) 松开螺丝后即可拉出塔头组件。

2. 塔头孔的选择

(1) 安掣钮在松开位置。

(2) 旋转小头直至希望的颜色孔对准标线（在颜色码数据牌上可找到）。

(3) 按压小塔头并使其卡住在锁紧位置。

3. 选择压头锁合选择器位置

(1) 松开板柄。

(2) 参考颜色码数据牌，在线和插钉的尺寸下面列有压差的号码。

(3) 拿开弹簧夹片，提起旋钮并移到相应的位置。

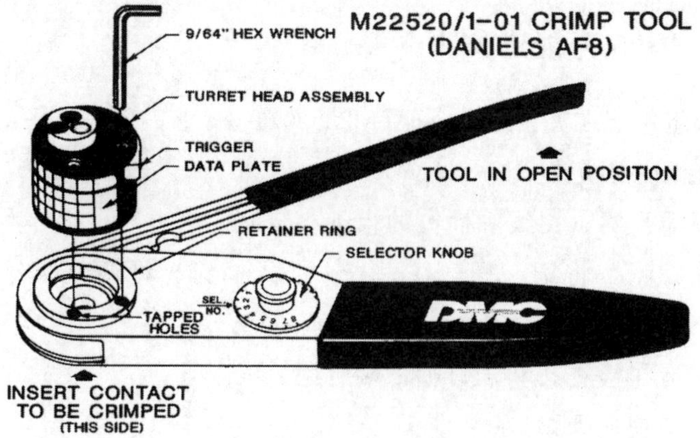

图 3-6 压线工具查询截图

3.2.2 夹线工具

以 M22520/2-01 压线钳为例，如图 3-7 所示。

1. 工具准备

(1) 松开板柄，选好定位器。

(2) 插入定位器到定位锁盘后转 10°锁紧。

(3) 提起选择器转到合适的数值对准标线。

2. 夹紧插钉

(1) 将插钉插入定位器。

(2) 插入导线并夹紧。

3. 检查

（1）在检查孔内能看到线芯。

（2）插钉表面无裂痕。

（3）插钉末端与导线绝缘层末端的距离为 1/64～1/32 in。

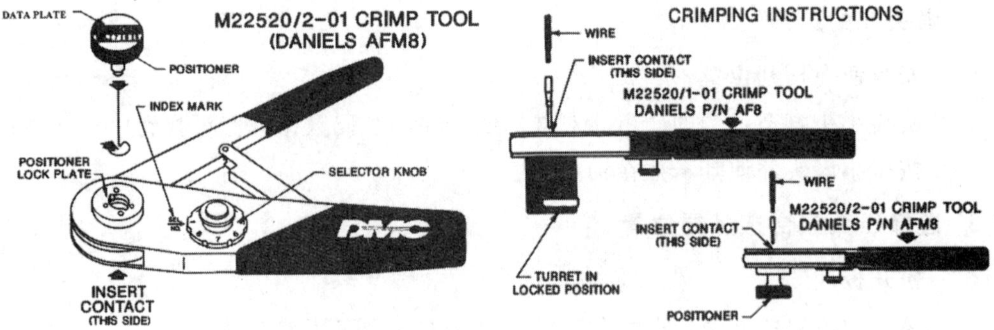

图 3-7　M22520/2-01 压线钳截图

3.2.3　M22520/1-05 万能定位头

（1）将万能头组件装在夹紧工具 AF8(M22520/1-01)上，用来水平或垂直固定插钉。

（2）装上万能头并固定好。

（3）选择选择器号码（由线和插钉的粗细决定）。

（4）松开锁紧螺帽，将调整螺丝往里拧，插入插钉；将调整螺丝往外拧，调整插钉的位置。

（5）确保压头齿在检查孔和插钉箍末端之间。

（6）顺时针拧紧锁紧螺帽。

（7）插入导线并夹紧。

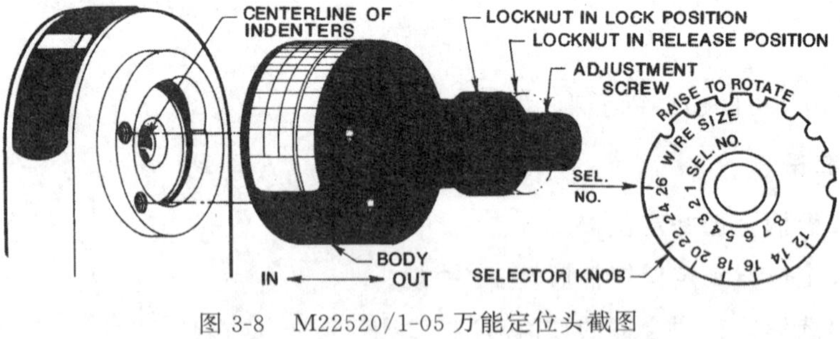

图 3-8　M22520/1-05 万能定位头截图

3.2.4　M22520/3-1 检查标准尺

M22520/3-1 检查标准尺截图如图 3-9 所示。检查标准尺主要用来检查压接是否通过。

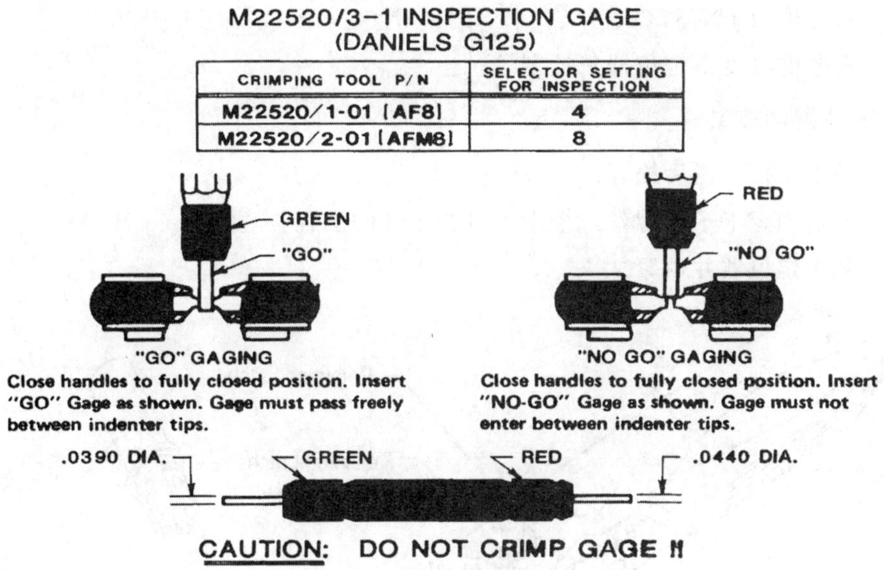

图 3-9　M22520/3-1 检查标准尺截图

3.2.5　SK2/2 万能定位头

万能定位头主要用在 AFM8（M22520/2-01）、MH860（M22520/7-01）和 MH800 夹线工具上。

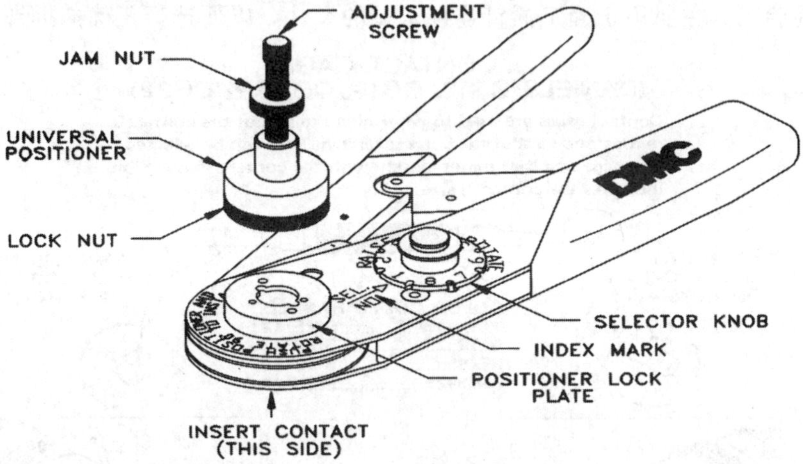

图 3-10　SK2/2 万能定位头截图

3.2.6　波音 ST2220 压线钳

1. ST2220 压线钳的特征

（1）有可更换的定位器。

(2) 定位器由 PN ST2220- () 来识别。

(3) 夹紧的深度由定位器来控制。

2. 定位器的安装

(1) 关上手柄，然后松开。

(2) 拧松固定卡子的螺丝，把卡子放在打开的位置。

(3) 装上定位器并锁紧。

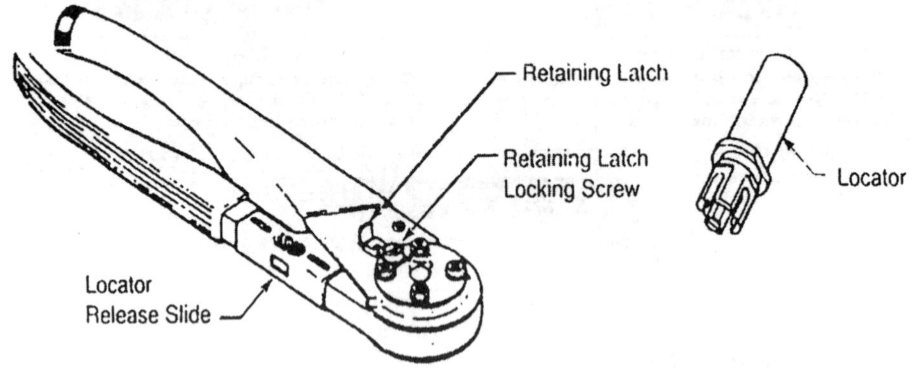

图 3-11　波音 ST2220 压线钳截图

3.2.7　插钉检验工具

插钉检验工具主要用于确定插钉连接末端的尺寸，以便选择正确的拆卸工具。

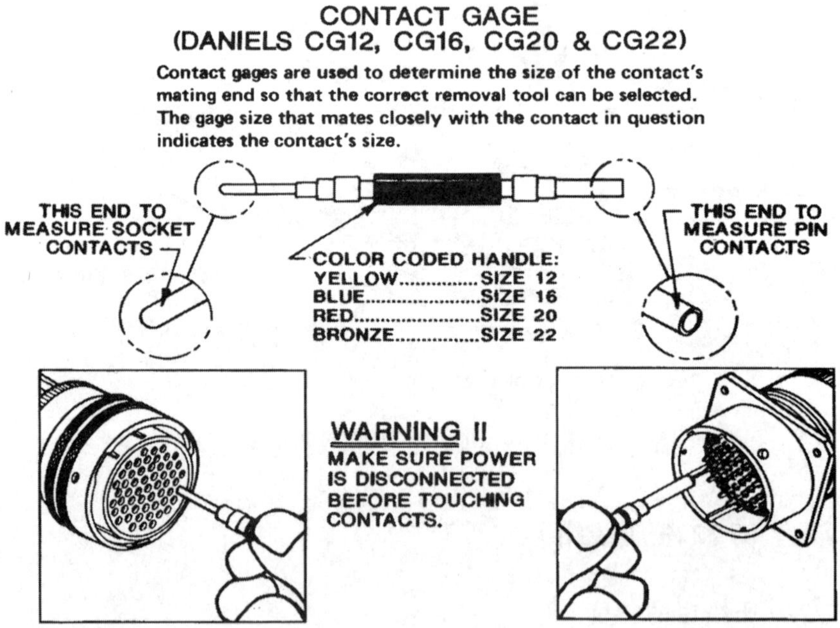

图 3-12　插钉检验工具截图

3.2.8　插钉拆卸工具

插钉拆卸工具如图 3-13 所示。

(1) 选择正确的工具。

(2) 工具保持直线，平行插钉并与接头表面垂直。

(3) 插入工具。

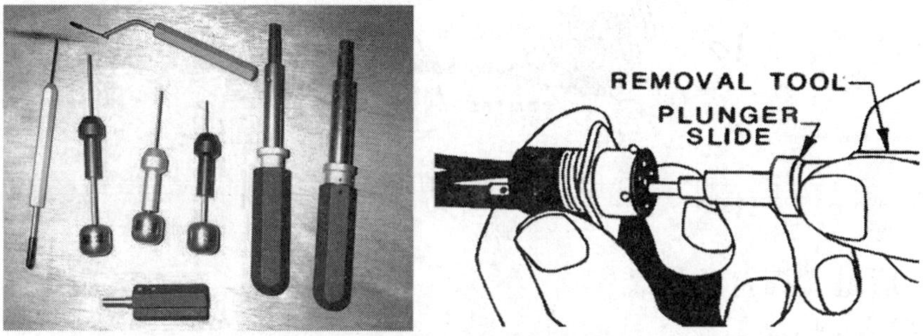

图 3-13　插钉拆卸工具截图

无导线的插钉拆卸如图 3-14 所示。

(1) 选择工具。

(2) 插入工具后，推工具的活动头进入接头的插钉孔，直至工具因阻力而停止。

(3) 拨出工具。

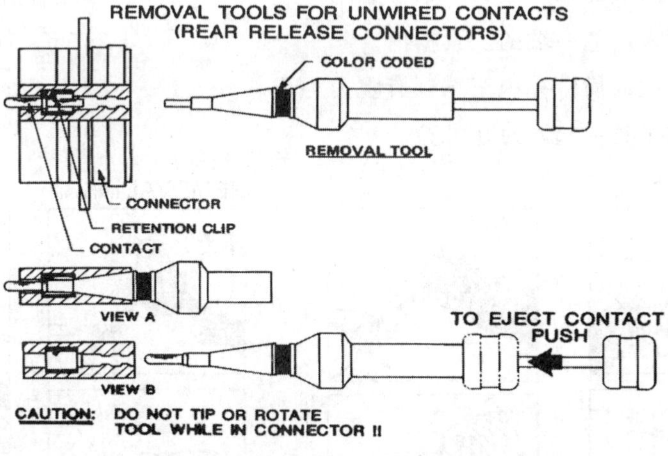

图 3-14　无导线的插钉拆卸截图

3.2.9　插钉安装工具

插钉的安装如图 3-15 所示。

(1) 选择工具，装插钉到工具上。

（2）对准工具和插钉并插入。

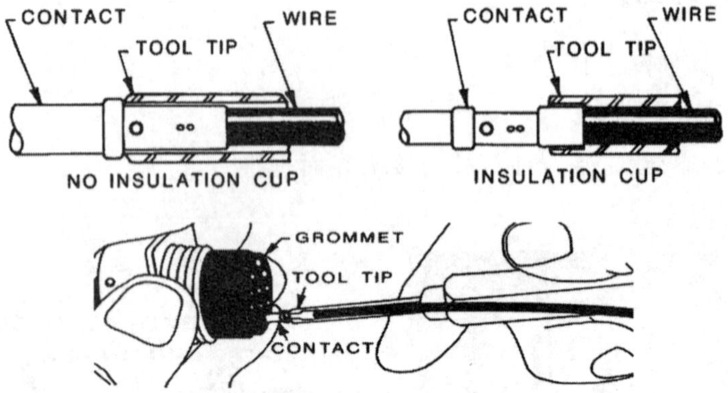

图 3-15　插钉的安装截图

3.2.10　后退式插钉的拆装

后退式插钉的拆装如图 3-16 所示。

注意：从后盖拆、装的插头有一圈蓝色带。

后退式插钉的安装如图 3-16（a）所示。

（1）将线滑入相应颜色的工具一端，将工具头推到插钉底部。

（2）插入插钉，并推到有明显的卡死位处。

后退式插钉的拆卸如图 3-16（b）所示。

（1）将线压入白色一端的工具槽内。

（2）将工具推入插钉孔内至感到有阻力为止。

（3）将线和工具一起同时往外拉。

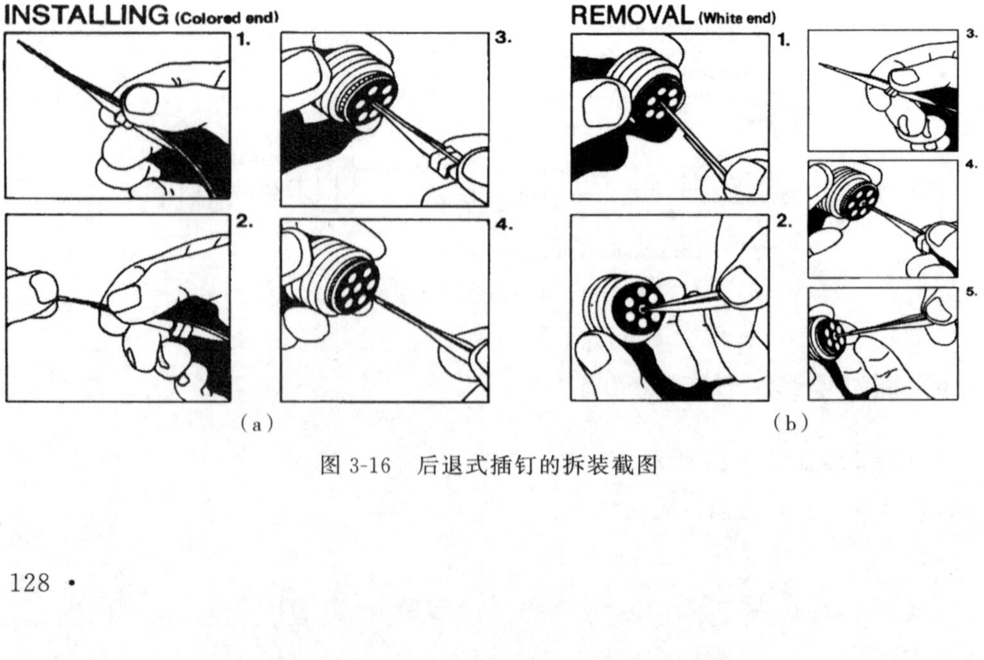

（a）　　（b）

图 3-16　后退式插钉的拆装截图

3.2.11　镊子型插钉拆装工具

镊子型插钉拆装工具如图 3-17 所示。

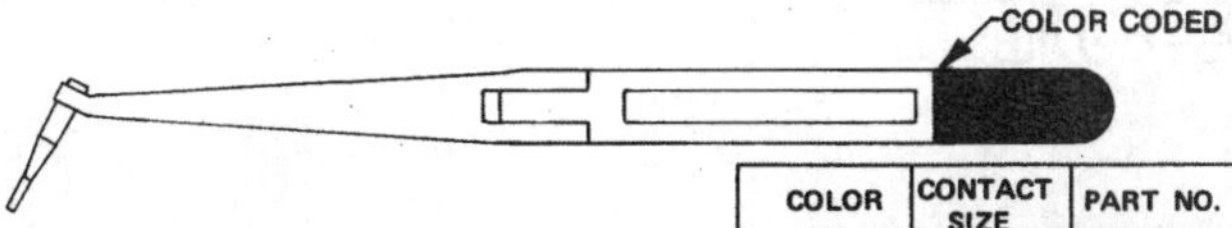

COLOR	CONTACT SIZE	PART NO.
YELLOW	12	M81969/8-09
BLUE	16	M81969/8-07
RED	20	M81969/8-05
BROWN	22	M81969/8-03
BLACK	22D, 22M	M81969/8-01

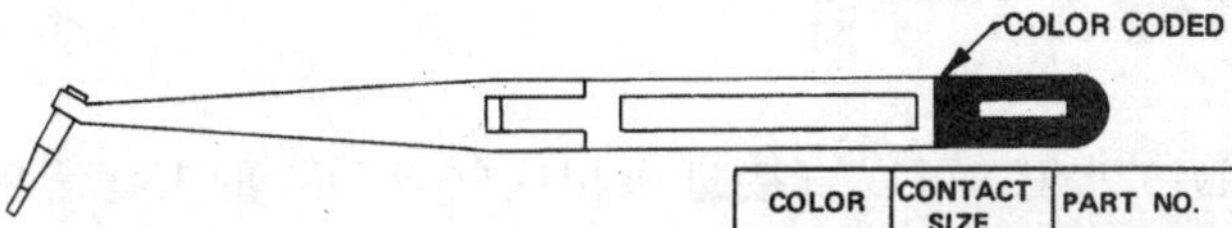

COLOR	CONTACT SIZE	PART NO.
YELLOW	12	M81969/8-10
BLUE	16	M81969/8-08
RED	20	M81969/8-06
BROWN	22	M81969/8-04
BLACK	22D, 22M	M81969/8-02

INSTRUCTIONS

图 3-17　镊子型插钉拆装工具截图

插钉的安装如图 3-18 所示。

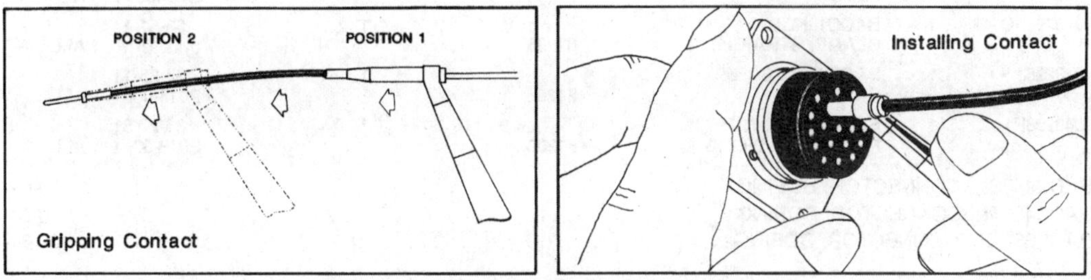

图 3-18　镊子型插钉的安装截图

（1）捏住镊子，打开工具，夹住导线，滑动工具尖到插钉头。

（2）垂直地推插钉到相应的孔内，至感觉进入卡死位。

（3）移出工具。

插钉的拆卸如图 3-19 所示。

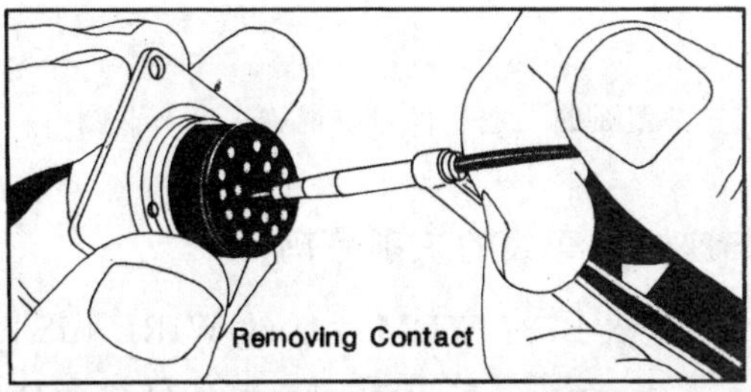

图 3-19　镊子型插钉的拆卸截图

（1）捏住镊子，顺着线滑入插钉孔内，直到感觉有明显的阻力。

（2）用手捏住工具头，将导线和工具一起抽出。

3.3 插头插座的施工

3.3.1 插头插座施工章节的查询

插头插座施工章节的查询方法通常有三种。

1. 已知设备号

如B737NG的D40298P，可以直接进入相应的WDM的EQ清单查询件号，再依据件号中的基本件号，如BACC45FT（），进入SWPM的FRONT MATTER中的CROSS REFERENCE INDEX，搜索相关的施工章节在20-61-11，如图3-20所示。

Equip	Opt	Part Number Part Description	Used On Dwg Vendor	Qty	Diagram Station / WL / BL	Effectivity
D40296P	1	BACC63CB20-39S9 PLUG-	 81205	1	33-51-11 AB0340B/ /	 ALL
D40296PQ	1	BACC10KD20 CLAMP, STRAIGHT	 81205	1	33-51-11 */*/*	 ALL
D40298J	1	BACC45FN22-19S9 RCPT-	 81205	1	33-25-11 P018-00/ /	 ALL
D40298P	1	BACC45FT22-19P9 PLUG-CTR CEILING	 81205	1	33-27-31 P018-00/ /	 ALL

BACC45FS(), CONNECTOR, BOEING 20-61-11
BACC45FT(), CONNECTOR, BOEING 20-61-11
BACC63AE(), CONNECTOR, BOEING 20-61-11

图3-20 通过设备号查询施工章节截图

2. 已知件号

如MS24266R14B15P1，由基本件号MS24266R（）进入SWPM的FRONT MATTER中的CROSS REFERENCE INDEX，搜索相关的施工章节在20-61-11，如图3-21所示。

MS24266R()-B(), QPL 20-61-11
MS24266R()-T(), QPL 20-61-11

图3-21 通过件号查询施工章节截图

3. 已知与插头或插座连接导线的识别号码

如W1208-2001B-20，进入B737 WDM手册的WIRE LIST清单，确定导线两端连接的设备号分别为D39940和SP00492。D39940就是导线连接的插头设备号，依据此件号的基本件号BACC63BP（），进入SWPM的FRONT MATTER中的CROSS

REFERENCE INDEX，搜索相关的施工章节在 28-23-11，如图 3-22 所示。

Bundle No. / Wire No.	Part Number / GA	CO TY	Fam	Description / FT-IN	Diagram	From Equip	Term	Type	Splice	To Equip	Term	Type	Splice	Effectivity
W1280	**286A1280**			**RIGHTWING/BODY PRESSURE SEAL TO FRONT SPAR INBOARD**										
2001B	20	HQ	AP	10-5	27-81-21	D39940	29			SP00492	9			ALL

Equip	Opt	Part Number / Part Description	Used On Dwg / Vendor	Qty	Diagram / Station / WL / BL	Effectivity
D39937	1	BACC63BP22C39SN / PLUG-CONDUCTIVE	81205	1	28-23-11 / 500I+10/178/L058	YS761-YT797
D39937 T	1	BACC10KE22 / CLAMP, 90 DEG	81205	1	28-23-11 / TBD/ /	ALL
D39938	1	BACC63BP22C39PN / PLUG-CONDUCTIVE	81205	1	28-23-11 / IFSS-84/ /	ALL
D39938 T	1	BACC10KF22 / CLAMP, 45 DEG	81205	1	28-23-11 / */*/*	ALL
D39939	1	BACC63BP22C39SN / PLUG-CONDUCTIVE	81205	1	28-23-11 / 500D+10/178/R058	YN666-YN674
D39939	1	BACC63BP22C39SN / PLUG-CONDUCTIVE	81205	1	28-23-11 / 500I+10/178/R058	YS761-YT797
D39939 T	1	BACC10KF22 / CLAMP, 45 DEG	81205	1	28-23-11 / TBD/ /	ALL
D39940	1	BACC63BP22C39PN / PLUG-CONDUCTIVE	81205	1	28-23-11 / IFSS 84/ /	ALL

BACC63BP(), CONNECTOR, BOEING 20-61-11

图 3-22 通过导线识别码查询施工章节截图

3.3.2 插头的查询和施工

以 BACC45FT22-19P9 为例。如图 3-23 所示，进入 SWPM 20-61-11 前卸式插头（座）的施工章节 2.C. 查询相关插头的件号，了解插头（座）的构型，其类型是前卸式还是后卸式，材料类型是铝合金还是不锈钢，形状是方形、圆形还是特殊型，衔接方式是快卸式还是螺纹式。一般来讲，在高振动和高温区用螺纹式。

2. BOEING STANDARD CONNECTOR PART NUMBER AND DESCRIPTION 8

A. BACC45FL Thread Coupled Plug with RFI Shielding Capability 8
B. BACC45FM and BACC45FS Thread Coupled Connector 8
C. BACC45FN and BACC45FT Bayonet Coupled Connector 11
D. BACC45FP Thread Coupled, Single Hole Mount Receptacle 14
E. BACC63AE and BACC63AF Thread Coupled, Fire Barrier Connector 16
F. BACC63BN Bayonet Coupled, Vibration Resistant Plug 16
G. BACC63BP Self Locking, Thread Coupled, Vibration Resistant Plug 18

C. BACC45FN and BACC45FT Bayonet Coupled Connector

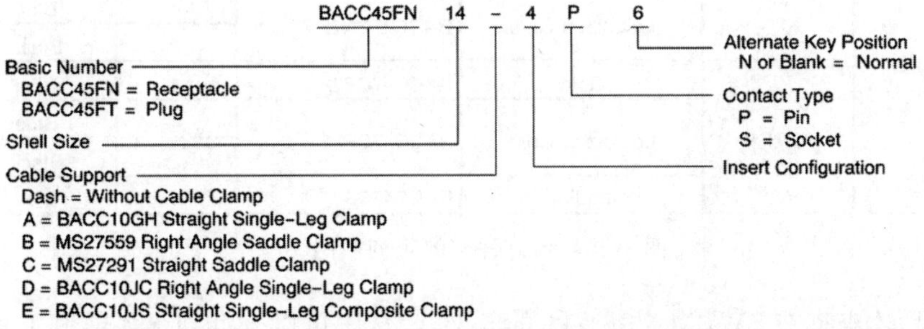

图 3-23 通过插头基本件号查询截图

插头的插入构型可查询 20-61-11 的 5. A.，如图 3-24 所示。

5. **INSERT CONFIGURATIONS** 66

A. Insert Configurations for MIL-C-26500 Type Connectors 66

Insert Configuration	Contact Cavity		Reference
	Count	Size	
22-12	12	12	Figure 69
22-19	19	16	Figure 69

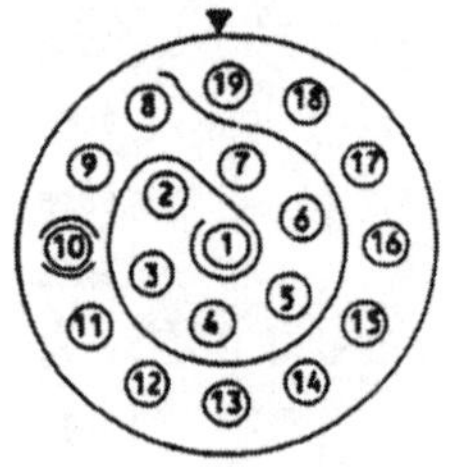

图 3-24　插入构型的查询截图

由此可知，该插头的尺寸为 22 in，里面有 19 个 16 号公钉。

根据插钉的大小（16 号）在 20-61-11 的 4. C. 中查询插钉的件号有 3 个，如图 3-25 所示。

4. **CONTACT PART NUMBERS AND DESCRIPTION** 51

A. General Data 51

B. Selection of Recommended and Alternative Contacts 52

C. Standard Contact Part Numbers 53

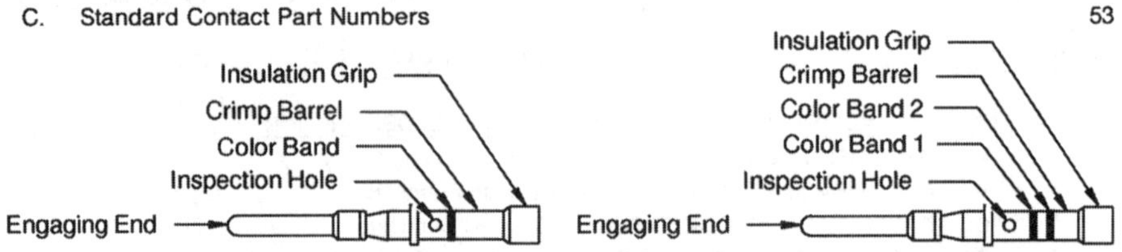

Contact Size	Contact Type	Finish	Boeing Standard	Color Code	
				Band	Color
1616	Pin	Rhodium	BACC47CN2	1	Blue
		Gold	BACC47CN2A	1	Blue
		Localized Gold	BACC47CN2S	1	Blue
				2	Black
	Socket	Gold	BACC47CP2A	1	Blue
		Localized Gold	BACC47CP2S	1	Blue
				2	Black
		Rhodium	BACC47CP2T	1	Blue

图 3-25　插钉件号的查询截图

退钉工具的查询在 SWPM 20-61-11 的 6. C.，从中可以查询到很多退钉工具，可根据实际情况任选一种，如图 3-26 所示。

6. CONNECTOR DISASSEMBLY **74**
A. Cinch CN0900-329 Connector Separation 74
B. Backshell Removal 74
C. Contact Removal 74
D. Shielded Contact Removal 76
E. Coax Contact Removal 77
F. Seal Plug and Seal Rod Removal 78

Contact Engaging End Size	Removal Tool
16	294-97
	AT 2016
	ATML 1908
	DRK16
	DRK56-16
	MS24256R16
	MS24256-16
	M81969/19-01
	M81969/19-08
	MS24256R16
	RX16-7
	RX16-8
	ST2220-3-14
	ZZL-R-9511-16

图 3-26　退钉工具的查询截图

具体的退钉程序在 6. D. 或 6. E.，如图 3-27 所示。具体内容请参阅 SWPM，这里不再赘述。

C. Contact Removal

Refer to:

- Paragraph 6.D. for the removal of a shielded contact
- Paragraph 6.E. for the removal of a coax contact.

图 3-27　退钉程序的查询截图

选用剥线工具时，要依据导线的 AWG 号来选择。根据该插头所在的章节号（33-27-31），在 WDM 的线路图中或在 HOOKUP 清单中找到该插头的每个钉所连接导线的线束号（W0018-0321-22），由此可得知导线的 AWG 为 22，如图 3-28 所示。

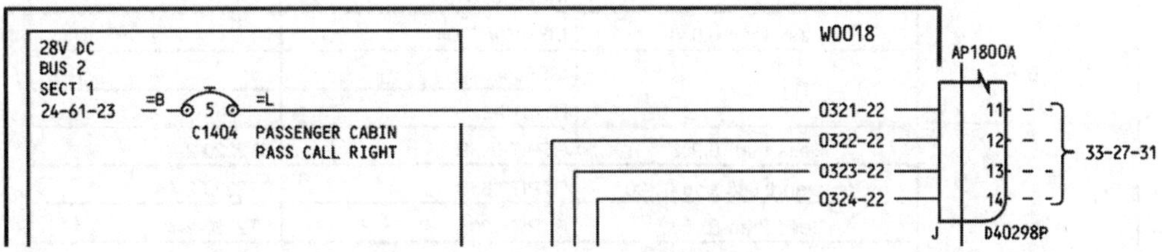

图 3-28　插头导线的查询截图

根据该导线的 AWG（22）和类型代码（PA），在 SWPM 20-00-15 的 3. B. 中查询该导线的剥线工具为 ST2222-29，如图 3-29 所示。

具体剥线方法与要求请参阅 SWPM 20-00-15 的 2. C. 。

WTC	Wire Size (AWG)		Insulation Removal Tool
	Minimum	Maximum	
PA	24	16	ST2222-29
	14	10	ST2222-30

图 3-29　导线的剥线工具查询截图

压接工具可根据该导线的 AWG（22）在 SWPM 20-61-11 的 8. A. 进行查询，具体施工程序可参阅 8. B.，如图 3-30 所示。

8. **CONTACT ASSEMBLY** 84
A. Selection of a Crimp Tool 84
B. Contact Assembly 91

Wire Size (AWG)	Contact Size	Crimp Tool				
		Basic Unit		Locator		Code
		Part Number	Setting	Part Number	Color	
24	2020	M22520/1-01	2	M22520/1-02	Red	B
		M22520/2-01	5	M22520/2-02	-	A
	1616	M22520/1-01	4	M22520/1-02	Blue	I
22	2020	M22520/1-01	3	M22520/1-02	Red	D
		M22520/2-01	6	M22520/2-02	-	C
	1616	M22520/1-01	5	M22520/1-02	Blue	J

图 3-30　压接工具及施工程序的查询截图

送钉工具和施工程序的查询在 SWPM 20-61-11 的 11. A.。可根据导线的外径选择一种合适的送钉工具，如图 3-31 所示。具体施工程序和要求请参阅手册内容。

11. **CONTACT INSERTION** 141
A. Contact Insertion 141

Contact Size	Wire O.D. (inch)	Basic Unit	Bit
1616	Less than 0.088	294-96	-
		AT 1016	-
		ATBO1108	-
		ATBO1108-16	-
		ATBO1108-90	-
	-	DAK55-16	-
		MS24256A16	-
	Less than 0.088	M81969/17-04	-
	-	MS90455-16	-
		RTM16-2	-
	Less than 0.088	RTPIT-085B	ST2220-2-4
	Between 0.088 and 0.130	RTPIT-085B	ST2220-2-4A
	Less than 0.088	RTPIT-120B	ST2220-2-4
	Between 0.088 and 0.130	RTPIT-120B	ST2220-2-4A
	Less than 0.088	ST2220-2	ST2220-2-4
	Between 0.088 and 0.130	ST2220-2	ST2220-2-4A
	Less than 0.088	ZZL-R-9510-16	-

图 3-31　送钉工具和施工程序的查询截图

3.3.3　插头插座的施工实例

B-5465飞机备用皮托管加温失效灯亮，经检测判断为备用皮托管本体组件故障。拆下皮托管后发现后部插头连接线断裂，需更换皮托管和皮托管后部电插头，并重新制作两个插钉。

通过WDM 30-31-12查询到备用皮托管后部加温插头设备号为D11298，如图3-32所示。

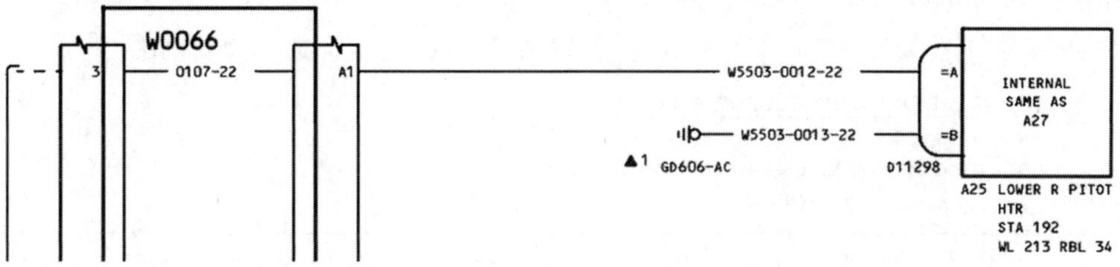

图 3-32　备用皮托管后部加温线路截图

通过设备清单查询到D11298的件号为00855-1727-0001，如图3-33所示。

D11298

Description	Opt	Part Number	Used On Drawing	Ch 20 Ref	Location STA/WL/BL	Vendor	Qty	Diagram Reference	Effectivity
PLUG-LWR RIGHT PITOT HEATER	1	00855-1727-0001			193/214/R033	04274	1	30-31-12	YA603-YL012, YL016-YW907

图 3-33　D11298的件号查询截图

通过连接器清单查询到D11298的2个插钉没有终端类型代码，需要从SWPM中查询插钉的件号，如图3-34所示。

Equipment No.: D11298
Location (STA-WL-BL): 193-214-R033　　Description: PLUG-LWR RIGHT PITOT HEATER　　Effectivity: YA603-YL012, YL016-YW907

Term	Bundle - Wire - Gauge	TT	Diagram Reference	Effectivity
=A	W5503 - 0012 - 22		30-31-12	YA603-YL012, YL016-YW907
=B	W5503 - 0013 - 22		30-31-12	YA603-YL012, YL016-YW907

图 3-34　D11298的插钉终端类型代码查询截图

通过导线清单查询到导线类型代码WTC为CQ，如图3-35所示。

W5503 - 0012 - 22	CQ		13	11	30-31-12	D11298	=A			D40097P	A01			YA603-YL012, YL016-YW907
W5503 - 0013 - 22	CQ		2	3	30-31-12	D11298	=B			GD00606	AC..	E		YA603-YL012, YL016-YW907

图 3-35　导线类型代码查询截图

在SWPM 20-00-13 Wire Type Codes中查询到导线的Wire Specification or Part Number是BMS 13-58 Type 1 Class 1，导线数量为1且在高温区域，导线的线径AWG是22，所以导线的件号为BMS 13-58 T01C01G22，如图3-36所示。

Wire Type Code	7()7 Model Wiring Diagram Manual						Wire Specification or Part Number	Number of Conductors	Notes
	2	3	4	5	6	7			
CQ	-	3	4	5	6	7	BMS 13-58 Type I Class 1	01	High Temperature

图 3-36 导线件号查询截图

根据 D11298 插头的件号为 00855-1727-0001，在 SWPM 的 Cross Reference Index 查询其章节号为 20-64-15，在 1. A. 中查询该件号的插头标准施工类型为夹接(Crimp)，选择插钉夹接方式的标准施工 Assembly of Crimp Type Contacts，在 1. B. 中查询插钉的件号为 00855-0478-0001，类型为 Socket，插头的构型图如图 3-37 所示。

1. PART NUMBERS AND DESCRIPTION 1
A. Connector Part Numbers 1
B. Contact Part Numbers 1
C. Connector Description 1

Part Number	Contact Type	Supplier
00855-0488-0003	Crimp	Rosemount
00855-1727-0001	Crimp	Rosemount
850-27-4	Solder	Rosemount

Part Number	Contact Type	Supplier
00855-0478-0001	Socket	Rosemount

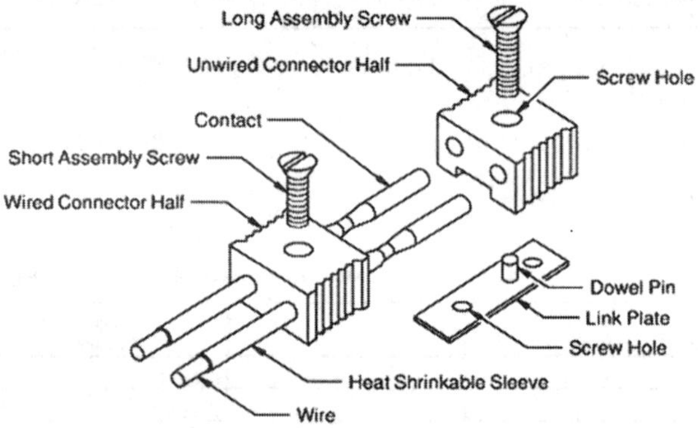

图 3-37 插钉件号、类型和插头构型查询截图

根据 AWG 的大小在 SWPM 20-64-15 的 3. A. 中选择绝缘层的剥线长度和夹接工具的件号，如图 3-38 所示。

3. CONNECTOR ASSEMBLY 2
A. Assembly of Crimp Type Contacts 2
B. Assembly of Solder Type Contacts 4
C. Connector Body Assembly 5

Wire Size (AWG)	Removal Length L (inch)	
	Target	Tolerance
22	0.25	±0.03
20	0.25	±0.03

Wire Size (AWG)	Crimp Tool				
	Basic Unit			Locator	
	Part Number	Setting	Supplier	Part Number	Supplier
22	M22520/1-01	4	QPL	M22520/1-05	QPL
				TP960	Daniels
20	M22520/1-01	5	QPL	M22520/1-05	QPL
				TP960	Daniels

图 3-38　剥线长度与夹接工具查询截图

有关插头的装配程序请参阅手册内容。

根据装配程序的要求，在 SWPM 20-00-11 中选择热缩管的件号和温度等级，在 2. N. Sleeves 中根据材料的温度等级选择适用的热缩管件号，如图 3-39 所示。

(3) Make a selection of a heat shrinkable sleeve. Refer to Subject 20-00-11.

The sleeve must have:

- A maximum wall thickness of 0.006 inch
- The smallest diameter that can be put on the wire

Grade	Maximum Temperature		Old Designation
	Degrees C	Degrees F	
A	100	212	Type I
B	135	275	Type II
C	180	356	Type III
D	260	500	Type IV

Grade	Class	Part Number	Supplier	Description
C	1	MWSF	Remtek	Insulating sleeve, heat shrinkable, irradiated polyolefin with a meltable adhesive inner wall, flame retardant; black; I.D.: 3/16, 1/4, 3/8, 1/2, 3/4, 1, 1-1/4 inch
	1	RW-200-E	Tyco/Raychem	Insulating sleeve, heat shrinkable, cross-linked fluoroelastomer, flame retardant, AMS-DTL-23053/13;black; I.D.: 1/8 inch to 2 inch.
D	1	AMS-DTL-23053/12 Class 2	An available source	Insulating sleeve, heat shrinkable, polytetrafluoroethylene (TFE, Teflon); natural color; sizes: 0.05 inch to 1.5 inches ID
		AMS-DTL-23053/12 Class 3	An available source	Insulating sleeve, heat shrinkable, polytetrafluoroethylene (TFE, Teflon), thin wall; natural color; sizes: 0.03 inch to 0.47 inch ID
		AMS-DTL-23053/12 Class 5	An available source	Insulating sleeve, heat shrinkable, polytetrafluoroethylene (TFE, Teflon), thin wall; natural color; sizes: 0.07 inch to 4.0 inches ID
		Insultite TFE Standard Wall	Electronized Chemicals	Insulating sleeve, heat shrinkable, tetrafluoroethylene (TFE) and polytetrafluoroethylene (PTFE) (Teflon) AMS-DTL-23053/12; red, yellow, blue, and natural color
		Penntube I Shrinkable	Pennsylvania Fluorocarbon	
		Penntube II	Pennsylvania Flourocarbon	
		TFE 2 to 1	Zeus Industrial Products	

D	1	TFE 2X Standard Wall	Chemplast	Insulating sleeve, heat shrinkable, tetrafluoroethylene (TFE) and polytetrafluoroethylene (PTFE) (Teflon) AMS-DTL-23053/12; red, yellow, blue, and natural color
			Zeus Industrial Products	
		TFE 2XTW Thin Wall	Zeus Industrial Products	
		TFE 4X Thin Wall	Chemplast	
			Zeus Industrial Products	

图 3-39　热缩管件号查询截图

参考 SWPM 20-00-15 完成导线绝缘层的剥线工作。根据导线类型代码为 CQ 和导线的线径为 22，选择剥线工具为 ST2222-38，如图 3-40 所示。

2. CABLE JACKET AND WIRE INSULATION REMOVAL 2
A. Selection of a Removal Tool 2
B. Cable Jacket Removal 3
C. Wire Insulation Removal 3

WTC	Wire Size (AWG)		Insulation Removal Tool
	Minimum	Maximum	
CQ	24	16	ST2222-38
	14	10	ST2222-39

图 3-40　剥线工具的查询截图

3.4　技能训练

3.4.1　航空插头的制作与修理

工卡标题	航空插头的制作与修理				
机型	波音 737NG		工种		
机号	N/A		工作区域		
版本	R1		工时	4 h	
参考文件	波音 737NG 维修手册和技术文件（WDM、SWPM）				
注意事项	1. 工作前按规定将整机断电，挂警告牌，注意静电防护。 2. 确认飞机其他系统的工作不影响该区域的维护作业。 3. 工作中防止划伤、磨伤、扎伤电缆和导线。				
编写/修订		审核		批准	
日期		日期		日期	

工量具/设备/材料				
类别	名　称	规格型号	单位	数量
工量具	剥线钳	通用	把	6
	剪线钳	通用	把	6
	插钉压接接工具	按手册要求	把	6
	定位器	按手册要求	个	6
	送/退钉工具	按手册要求	个	6
	保持力测试工具	按手册要求	个	1
	万用表	MY60	块	6
	兆欧表	500 V	块	6
	标准工具箱	通用	个	1
设备	线路施工综合练习架	自制	台	1
材料	电缆	1 m	根	按需
	销钉	替代品	个	6

1. 工作任务

航空插头的制作与修理

2. 工作准备

准备相关工具与耗材：

(1) 到工具房领取工量具。

(2) 检查工量具情况，应外表完好无损伤，功能正常。

(3) 领取耗材。

(4) 办理好领取手续。

3. 工作步骤

飞机 B-2640 上 D1014 插头 5 号销钉腐蚀，请参考相关手册更换插钉。

查询关键词：connector（插头）；contact（插钉）；insert configuration（插入构型）；assembly（装配）；disassembly（拆卸）；crimp barrel（压接桶）；O. D.（外部直径）；insertion tool（进钉工具）

1) 防静电腕带的检查

(1) 检查静电腕带外表无破损。

(2) 使用万用表测量其阻值在规定范围。

测量电阻值：________________

(3) 戴好静电腕带。

2) 插头信息手册查询

插头件号：________________

插头后壳件号：________________

插头连线信息：________________

插头 5 号销钉连线信息：________________

3）销钉修理手册查询

插头构型图号：______

销钉尺寸：______

销钉是公钉还是母钉：______

销钉退出工具件号：______

销钉退出标准施工程序章节号：______

销钉压接筒尺寸：______

销钉压接工具件号：______

销钉压接标准施工程序章节号：______

销钉进钉工具件号：______

保持力测试工具件号：______

销钉送入标准施工程序章节号：______

4）销钉退出标准施工

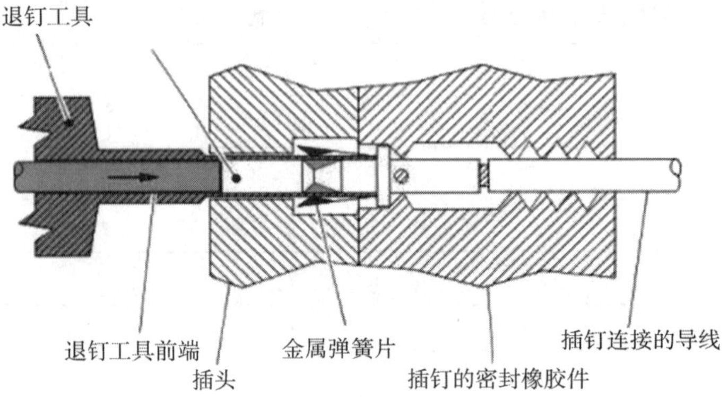

5）销钉压接标准施工

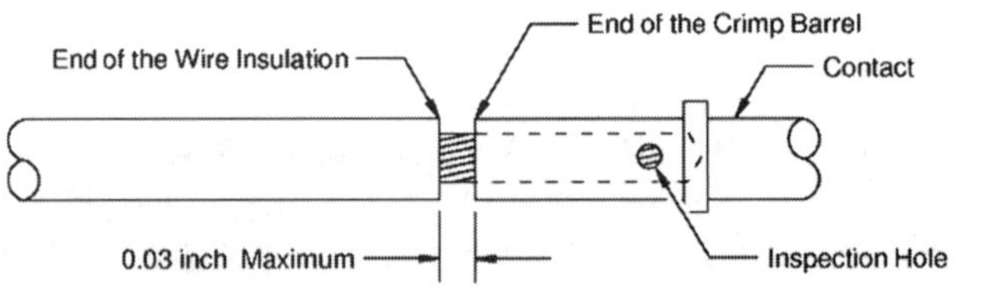

POSITION OF THE WIRE IN A CONTACT WITHOUT AN INSULATION SUPPORT BARREL

6）销钉进入标准施工

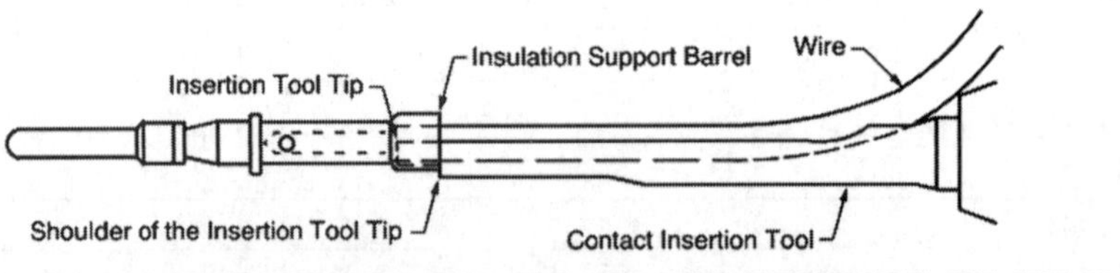

POSITION OF THE INSERTION TOOL TIP INSIDE THE WIRE INSULATION BARREL FOR SIZE 20 CONTACTS AND A WIRE O.D. LESS THAN 0.06 INCH

7）测量销钉的导通性和绝缘电阻 选择万用表和兆欧表，测量修理后插头 5＃销钉的导通性和绝缘性。 导通电阻：__________ 绝缘电阻：__________
4. 结束工作
（1）清点工具和设备。 （2）清扫现场。 （3）归还工具，回收余料。 （4）在工具室归还登记簿上做好归还记录。

3.4.2 邦迪块的拆装

工卡标题	邦迪块的拆装				
机型	波音 737NG		工种		
机号	N/A		工作区域		
版本	R1		工时	4 h	
参考文件	波音 737NG 维修手册和技术文件（WDM、SWPM）				
注意事项	1. 工作前按规定将整机断电，挂警告牌，注意静电防护。 2. 确认飞机其他系统的工作不影响该区域的维护作业。 3. 工作中防止划伤、磨伤、扎伤电缆和导线。				
编写/修订		审核		批准	
日期		日期		日期	

工量具/设备/材料				
类别	名　称	规格型号	单位	数量
工量具	剥线钳	通用	把	6
	剪线钳	通用	把	6
	送/退钉工具	M81969/1-02	把	6
	压接工具	M22520/2-01	把	6
	万用表	MY60	块	6
	标准工具箱	通用	个	6
设备	线路施工综合练习架	自制	台	1
材料	电缆	1 m	根	按需
	邦迪块	MT17R-1	个	6
	插钉	M39029/11-145	个	6

1. 工作任务
邦迪块的拆装
2. 工作准备
准备相关工具与耗材： （1）到工具房领取工量具。 （2）检查工量具情况，应外表完好无损伤，功能正常。 （3）领取耗材。 （4）办理好领取手续。
3. 工作步骤
飞机 B-2640 上邦迪块 YHLZG8-1 模块损坏，请参考相关手册更换该邦迪块。 查询关键词：Burndy（邦迪块）；density（密度）；track（轨道） 1）邦迪块拆装手册查询 邦迪块插钉件号：________ 邦迪块插钉退出工具件号：________ 邦迪块插钉导线绝缘层移除长度：________ 邦迪块插钉压接工具件号：________ 邦迪块插钉送入工具件号：________ 邦迪块插钉拆装标准施工程序章节号：________
2）邦迪块拆装标准施工 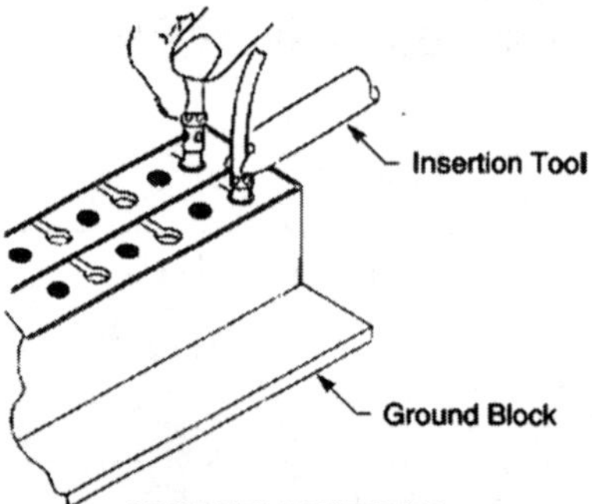 CONTACT INSERTION （1）在指定实习工位拆卸邦迪块（总电源开关挂警告牌）。 （2）松开固定卡块，推出滑轨。 （3）退出连接导线的插钉，将邦迪块取下。 （4）在指定实习工位安装邦迪块。 （5）接好邦迪块连接导线。 （6）将邦迪块放入滑轨，推进到位。 （7）固定好卡块。
3）邦迪块导通性和绝缘性测量 （1）用万用表测量导通电阻：________ （2）用兆欧表测量绝缘电阻：________

4. 结束工作
（1）清点工具和设备。 （2）清扫现场。 （3）归还工具，回收余料。 （4）在工具室归还登记簿上做好归还记录。

3.4.3　接地块的拆装

<table>
<tr><td>工卡标题</td><td colspan="5">接地块的拆装</td></tr>
<tr><td>机型</td><td colspan="2">波音 737NG</td><td>工种</td><td colspan="2"></td></tr>
<tr><td>机号</td><td colspan="2">N/A</td><td>工作区域</td><td colspan="2"></td></tr>
<tr><td>版本</td><td colspan="2">R1</td><td>工时</td><td colspan="2">4 h</td></tr>
<tr><td>参考文件</td><td colspan="5">波音 737NG 维修手册和技术文件（WDM、SWPM）</td></tr>
<tr><td>注意事项</td><td colspan="5">1. 工作前按规定将整机断电，挂警告牌，注意静电防护。
2. 确认飞机其他系统的工作不影响该区域的维护作业。
3. 工作中防止划伤、磨伤、扎伤电缆和导线。</td></tr>
<tr><td>编写/修订</td><td></td><td>审核</td><td></td><td>批准</td><td></td></tr>
<tr><td>日期</td><td></td><td>日期</td><td></td><td>日期</td><td></td></tr>
<tr><td colspan="6">工量具/设备/材料</td></tr>
<tr><td>类别</td><td>名　称</td><td colspan="2">规格型号</td><td>单位</td><td>数量</td></tr>
<tr><td rowspan="6">工量具</td><td>剥线钳</td><td colspan="2">通用</td><td>把</td><td>6</td></tr>
<tr><td>剪线钳</td><td colspan="2">通用</td><td>把</td><td>6</td></tr>
<tr><td>送/退钉工具</td><td colspan="2">M81969/1-02</td><td>把</td><td>6</td></tr>
<tr><td>压接工具</td><td colspan="2">M22520/2-01</td><td>把</td><td>6</td></tr>
<tr><td>万用表</td><td colspan="2">MY60</td><td>块</td><td>6</td></tr>
<tr><td>标准工具箱</td><td colspan="2">通用</td><td>个</td><td>6</td></tr>
<tr><td>设备</td><td>线路施工综合练习架</td><td colspan="2">自制</td><td>台</td><td>1</td></tr>
<tr><td rowspan="3">材料</td><td>电缆</td><td colspan="2">1 m</td><td>根</td><td>按需</td></tr>
<tr><td>接地块</td><td colspan="2">BACM15C1A</td><td>个</td><td>6</td></tr>
<tr><td>插钉</td><td colspan="2">M39029/11-145</td><td>个</td><td>6</td></tr>
<tr><td colspan="6">1. 工作任务</td></tr>
<tr><td colspan="6">接地块的拆装</td></tr>
</table>

2. 工作准备

准备相关工具与耗材：
(1) 到工具房领取工量具。
(2) 检查工量具情况，应外表完好无损伤，功能正常。
(3) 领取耗材。
(4) 办理好领取手续。

3. 工作步骤

飞机 B-2640 上接地块 BACM15C1A 损坏，请参考相关手册更换该接地块。
查询关键词：terminal block module（接地块）；density（密度）；track（轨道）
1) 接地块拆装手册查询
轨道上接地块拆装标准施工程序章节号：____________________
高密度接地块插钉退出工具件号：____________________
高密度接地块插钉压接工具件号：____________________
高密度接地块插钉送入工具件号：____________________
高密度接地块插钉拆装标准施工程序章节号：____________________

2) 接地块拆装标准施工

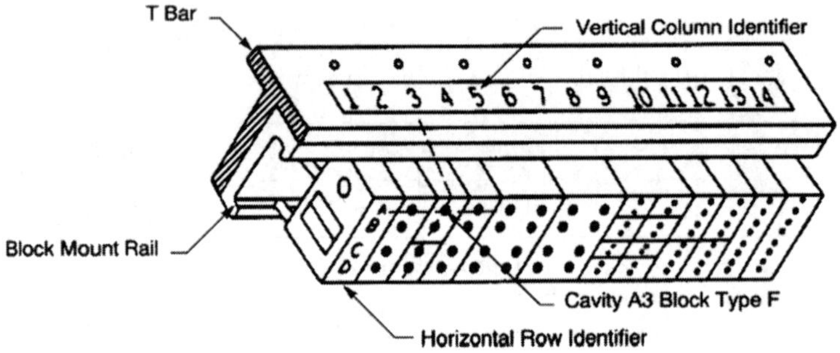

LOCATION OF A MODULE

3) 接地块导通性和绝缘性测量
(1) 用万用表测量导通电阻：____________________
(2) 用万用表测量导通性：____________________

4. 结束工作

(1) 清点工具和设备。
(2) 清扫现场。
(3) 归还工具，回收余料。
(4) 在工具室归还登记簿上做好归还记录。

项目 4　标准线路施工案例分析

案例 1

更换 B737-700 识别号为 W2104-0001-20 的一根导线。

步骤 1：了解导线的相关信息。参考 WDM 的线路清单，如图 4-1 所示。

Bundle No.	Part Number				Description		From				To				
Wire No.	GA	CO	TY	Fam	FT-IN	Diagram	Equip	Term	Type	Splice	Equip	Term	Type	Splice	Effectivity
W2103	286A2103				RIGHT AC ELEX PWR FROM P6 TO E1. (continued)										
0015	24		PK		11-7	27-52-11	D46061P	15			D46013P	A03			YN666-YN674
0015	24		PK		11-6	27-52-11	D46061P	15			D46013P	A03			YS761-YT797
0016	20		PA		10-0	SPARE	D46061P	16			D46011J	6			ALL
0017	20		PA		10-0	SPARE	D46061P	17			D46011J	7			ALL
0018	20		PA		11-7	SPARE	D46061P	18			D46013P	A08			YN666-YN674
0018	20		PA		11-6	SPARE	D46061P	18			D46013P	A08			YS761-YT797
0019	20		PA		11-7	SPARE	D46061P	19			D46013P	A09			YN666-YN674
0019	20		PA		11-6	SPARE	D46061P	19			D46013P	A09			YS761-YT797
0023	16		CQ		11-7	34-21-21	D46061P	23			D46013P	G			YN666-YN674
0023	16		CQ		11-6	34-21-21	D46061P	23			D46013P	G			YS761-YT797
0028	20		CQ		11-7	22-14-11	D46061P	28			D46013P	A10			YN666-YN674
0028	20		CQ		11-6	22-14-11	D46061P	28			D46013P	A10			YS761-YT797
0031	20		PA		96-1	23-11-21	D46061P	31			D40621P	1			YN666-YN674
0031	20		PA		114-3	23-11-21	D46061P	31			D40621P	1			YS761
0031	20		PA		115-7	23-11-21	D46061P	31			D40621P	1			YS762
0031	20		PA		115-6	23-11-21	D46061P	31			D40621P	1			YS891-YT794, YT797
0031	20		PA		115-8	23-11-21	D46061P	31			D40621P	1			YT796
0032	20		PA		96-1	23-11-21	D46061P	32			D40621P	2			YN666-YN674
0032	20		PA		114-3	23-11-21	D46061P	32			D40621P	2			YS761
0032	20		PA		115-7	23-11-21	D46061P	32			D40621P	2			YS762
0032	20		PA		115-6	23-11-21	D46061P	32			D40621P	2			YS891-YT794, YT797
0032	20		PA		115-8	23-11-21	D46061P	32			D40621P	2			YT796
0033	20		PA		96-1	23-11-21	D46061P	33			D40621P	3			YN666-YN674
0033	20		PA		114-3	23-11-21	D46061P	33			D40621P	3			YS761
0033	20		PA		115-7	23-11-21	D46061P	33			D40621P	3			YS762
0033	20		PA		115-6	23-11-21	D46061P	33			D40621P	3			YS891-YT794, YT797
0033	20		PA		115-8	23-11-21	D46061P	33			D40621P	3			YT796
0043	22		CQ		11-7	31-53-11	D46013P	B10			D46061P	20			YN666-YN674
0043	22		CQ		11-6	31-53-11	D46013P	B10			D46061P	20			YS761-YT797
W2104	286A2104				P5 OVHD PANEL TO EE BAY (E2-2) LA1										
0001	20		CQ		7-7	33-42-11	S00261	5	C	*	D40504P	1			YS761-YS762, YT796
0002	20		CQ		0-7	33-42-11	S00261	5	C	*	S00261	2	C		YS761-YS762, YT796

图 4-1　导线信息查询截图

由清单得出导线类型为 CQ，导线一端连接的设备是 S00261（通过设备清单可以查到此设备为电门），接到电门开关的 5 号接地桩，终端代码为 C（可以通过此代码到 WDM 的 FM 中找出所连接的接线片以及桩的尺寸等信息），另外一端连接到设备号为

D40504P 的插头 1 号钉上。

在 WDM 33-42-11 中找到其电路图，如图 4-2 所示。

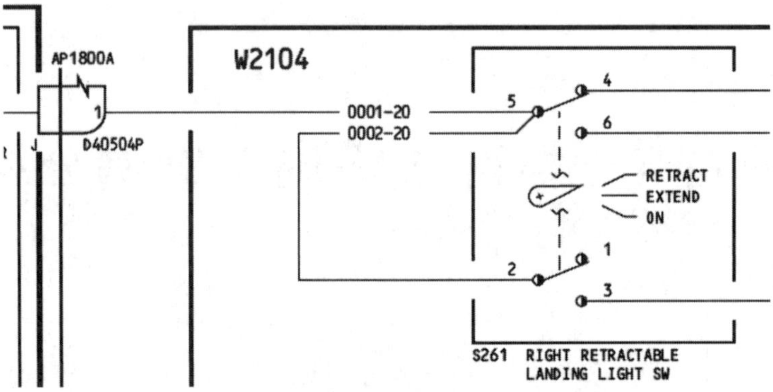

图 4-2　W2104 所在的电路图查询截图

步骤 2：找出该导线的件号。通过导线类型 CQ，到 SWPM 20-00-13 的 2. A. Wire Type Codes 中查询该导线的件号，如图 4-3 所示。由图可知，导线的件号为 BMS13-58T1C1G20。

Wire Type Code	7()7 Model Wiring Diagram Manual						Wire Specification or Part Number	Number of Conductors	Notes
	2	3	4	5	6	7			
CL	-	-	4	-	-	-	M27500-20RE2N12, MIL-W-22759/12-20, MIL-C-27500	02	Shielded, High Temperature
CM	-	-	4	-	6	-	61-02786, Champlain	01	Shielded, High Temperature
CN	2	3	-	5	-	-	BMS 13-16 Type III Class 1	01	Shielded
CP	2	3	-	5	-	-	BMS 13-16 Type III Class 2	02	Shielded
CQ	-	3	4	5	6	7	BMS 13-58 Type I Class 1	01	High Temperature

图 4-3　导线的基本件号查询截图

步骤 3：由于导线两端连接的方式不一样，可选择任意一端进行处理，如先对连接到电门 S261 的这一端进行处理，需要找出相应的剥线工具、接线片以及接线片的压接工具，再依据手册规定的程序进行施工。查询剥线工具，可以通过导线类型代码 CQ，在 SWPM 20-00-15 的 3. B. Wire Insulation Removal Tools 中查询剥线工具件号，如图 4-4 所示。

WTC	Wire Size (AWG)		Insulation Removal Tool
	Minimum	Maximum	
CP	26	16	ST2222-29
	14	12	ST2222-27
CQ	24	16	ST2222-38
	14	10	ST2222-39

图 4-4　剥线工具件号查询截图

根据导线尺寸为 AWG 20，可以选用件号为 ST2222-38 的剥线工具。剥线方法与要求可以参考 SWPM 20-00-15 的 2. C. Wire Insulation Removal 中的有关内容。

步骤 4：查询适合该导线终端的接线片。根据找到的终端代码（TT）C，在 WDM 的 FM-INTRODUCTION-CODES 中找到如图 4-5 所示的信息。

TERM TYPE CODE	DESCRIPTION OF THE CODE	PART NUMBER
A	Terminal Lug, #2 Stud	BACT12AC43, 324158 or 329636
B	Terminal Lug, #4 Stud	BACT12AR/AC/S or 2-323914-2
C	Terminal Lug, #6 Stud	BACT12AC(), AR(), S() or 2-326875-4
D	Terminal Lug, #8 Stud	BACT12AC(), AR() or S()

图 4-5　导线终端接线片基本件号查询截图

由终端代码 C，可以得知接地桩尺寸为 6，参考选用的接线片基本件号为 BACT12AR（ ）或者 BACT12AC（ ），这两种接线片有时都合适，有时只能用其一，具体需要根据 SWPM 进行判断。

步骤 5：确定接线片的件号。根据接线片基本件号为 BACT12AR（）或者 BACT12AC（），在 SWPM 20-30-11 的 1. B. BACT12AC General Purpose Terminal Lugs 和 1. D. BACT12AR Restrictive Entry Terminal Lugs 中，分别查询基本件号为 BACT12AC（）与 BACT12AR（）的接线片，如图 4-6 所示。

B. BACT12AC General Purpose Terminal Lugs

Refer to Paragraph 2.D. for the procedure to assemble these terminals.

Some BACT12AC terminal lugs have an insulation grip. Some of the larger size BACT12AC do not have an insulation grip.

BACT12AC insulated terminal lugs must be used:

- To terminate BMS 13-51 Grade B AWG 8 and larger wire
- To terminate BMS 13-48 AWG 8 and larger wire
- To terminate BMS 13-31 wire in Temperature Grade Zone A and Zone B.

（a）接线片BACT12AC（ ）件号查询截图

D. BACT12AR Restrictive Entry Terminal Lugs

Refer to Paragraph 2.F. for the procedure to assemble these terminals.

BACT12AR terminal lugs have a wire insulation grip.

One BACT12AR terminal lug can be used to terminate only one wire.

An AWG 26 through AWG 10 wire can be terminated with a BACT12AR terminal lug.

（b）接线片BACT12AR（ ）件号查询截图

图 4-6　接线片件号查询截图

由该导线的件号为 BMS13-58T1C1G20 可以判断，只有基本件号为 BACT12AR（）的接线片是适用的。

在 SWPM 20-30-22 的 1. A. General Data 中找到该导线的 CAU 为 12，如图 4-7 所示。

Wire Size (AWG)	Conductor		
	Type	Maximum O.D. (inch)	CAU
20	Solid	0.032	12
	Stranded	0.038	12
18	Solid	0.040	19
	Stranded	0.046	19

图 4-7　导线 CAU 查询截图

根据所更换导线的 CAU、AWG 和接地桩的尺寸大小，可以确定接线片件号为 BACT12AR202，如图 4-8 所示。

Crimp Barrel Size	CAU Range		Insulation Color		Stud Hole Size	Boeing Standard
	Minimum	Maximum	Sleeve	Band		
20	8	12	Red	Red	4	BACT12AR201
					6	BACT12AR202
					8	BACT12AR203
					10	BACT12AR204
					1/4	BACT12AR205
					5/16	BACT12AR206
					3/8	BACT12AR207

图 4-8　接线片最终件号查询截图

步骤 6：查询接线片的压接工具和施工程序。在 SWPM 20-30-11 的 2. F. Assembly of BACT12AR and Other Restrictive Entry Terminal Lugs 中查询得到如图 4-9 所示内容。压接工具有很多，可以根据实际情况选用。具体施工程序可参照该章节有关内容。完成了导线与电门开关端的施工，还需要对另外一端进行施工。

Wire Size	Terminal Lug			Crimp Tool			
	Crimp Barrel Size	Sleeve Color	Band Color	Basic Unit	Holder	Head	Die
20	20	Red	Red	189721-1	356303-1	-	314270-1
				314423-()	-	-	314270-1
							314270-2
				314597-()	-	-	314270-1
							314270-2
				46110	-	-	-
				4B2-457540-6	-	687658-1	69872
				565435-5	-	567200-2	69872
				59250	-	-	-
				68075	-	-	69872
				69004	-	-	47451
				69005	-	47516	-
				69118-()	-	-	45185-7
				69365-()	-	-	47806-2
				69692-1	-	-	-
				69875	-	-	69872

图 4-9　接线片压接工具查询截图

步骤 7：通过 WDM 的设备清单，查询到 D40504P 的件号为 BACC45FT14-12P，如图 4-10 所示。

D40504P	1	BACC45FT16-24P PLUG-	81205	1	33-42-11 P018-00/ /	YN666-YN667, YN672-YN674, YS891-YS894, YT794
D40504P	1	BACC45FT14-12P PLUG-	81205	1	33-42-11 P018-00/ /	YN671, YS761- YS762, YT791- YT793, YT796- YT797

图 4-10　D40504P 件号查询截图

步骤 8：通过 SWPM 的 FRONT MATTER 的交叉索引目录可以查询到 BACC45FT（）插头的施工章节在 20-61-11，如图 4-11 所示。

BACC45FM16-10S, CONNECTOR, BOEING 20-35-13
BACC45FN(), CONNECTOR, BOEING 20-61-11
BACC45FP(), CONNECTOR, BOEING 20-61-11
BACC45FS(), CONNECTOR, BOEING 20-61-11
BACC45FT(), CONNECTOR, BOEING 20-61-11
BACC63AE(), CONNECTOR, BOEING 20-61-11

图 4-11　插头的施工章节查询截图

步骤 9：进入 SWPM 20-61-11 的 2. C. BACC45FN and BACC45FT Bayonet Coupled Connector 中可以找到该插头的构型，如图 4-12 所示。

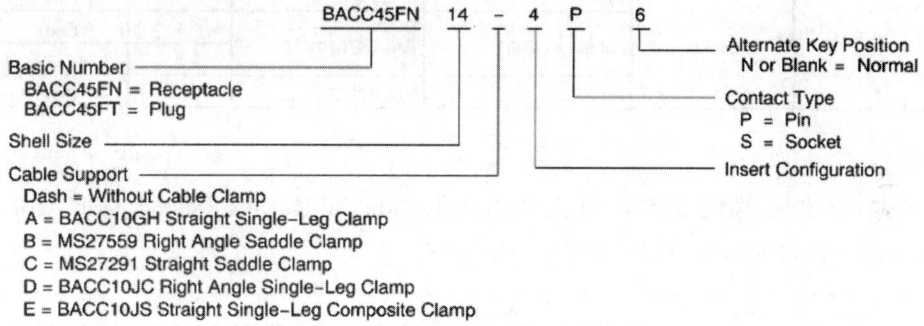

图 4-12　BACC45FN（）插头构型查询截图

步骤 10：查询插钉的尺寸和数量。先查询插钉的尺寸，因为插钉是以尺寸来确定件号的。根据插头的构型(14-12)在 20-61-11 的 5. A. Insert Configurations for MIL-C-26500 Type Connectors 中可以确定插钉的类型、尺寸和数量，如图 4-13 所示。

Insert Configuration	Contact Cavity		Reference
	Count	Size	
14-12	3	16	Figure 61
	9	20	
14-15	15	20	Figure 61
16-10	10	16	Figure 62

图 4-13　插钉构型、尺寸查询截图

由此可知，该插头一共有 12 个公钉，其中序号为 4、7、10 的为 3 个 16 号钉，其他 9 个为 20 号钉。该导线连接到序号为 1 的插钉，所以该钉尺寸为 20 号。

步骤 11：查询插钉的件号。在 SWPM 20-61-11 的 4. C. Standard Contact Part Numbers 中查询到该插钉的件号为 BACC47CN1、BACC47CN1A 和 BACC47CN1S，如图 4-14 所示。

Contact Size	Contact Type	Finish	Boeing Standard	Color Code	
				Band	Color
2020	Pin	Rhodium	BACC47CN1	1	Red
		Gold	BACC47CN1A	1	Red
		Localized Gold	BACC47CN1S	1	Red
				2	Black
	Socket	Gold	BACC47CP1A	1	Red
		Localized Gold	BACC47CP1S	1	Red
				2	Black
		Rhodium	BACC47CP1T	1	Red

图 4-14　插头件号查询截图

若没有上述件号的插钉，可在 4. B. Selection of Recommended and Alternative Contacts 中查询可替换的件号，如图 4-15 所示。

Boeing Standard	Part Number	Supplier
BACC47CN1A	317-2020-901	Tri-Star
	48-2335-09	Amphenol
	LRM20W-16DJ5	Burndy
	ZZL4020-36LD-H139	Pyle-National
BACC47CN1S	317-2020-901-L	Tri-Star
	ZZL4020-36LD-H148	Pyle-National
BACC47CN1	417-2020-901	Tri-Star
	48-2335-02	Amphenol
	C48-2335-02	Cinch
	LRM20W-16F74	Burndy
	ZZL-4020-36LT	Pyle-National

Contact Size	Contact Type	Finish	Part Number	Color Code		Supplier
				Band or Dot	Color	
2020	Pin	Gold	M39029/31-241	1	Red	QPL
				2	Yellow	
				3	Brown	
		Rhodium	MS24254-20P	1	Red	QPL
	Socket	Gold	M39029/32-260	1	Red	QPL
				2	Blue	
				3	Black	
		Rhodium	MS24255-20S	1	Red	QPL

图 4-15　替换插钉件号查询截图

步骤 12：退钉工具和施工程序的查询。按照插钉的大小在 SWPM 20-61-11 的 6.C. Contact Removal 中查询退钉工具，可根据实际情况任选一种，如图 4-16 所示。具体施工程序可参照该章节的有关内容。

Contact Engaging End Size	Removal Tool
20	294-89
	AT 2020
	ATML 1907
	DRK20
	M81969/19-06
	M81969/19-07
	MS24256R20
	RX20-24
	RX20-24V5
	ST2220-3-13
	ZZL-R-9511-20

图 4-16　退钉工具查询截图

步骤 13：压钉工具的查询。根据导线的 AWG(20)和插钉的大小(20)，在 SWPM 20-61-11 的 8. A. Selection of a Crimp Tool 中找到两把压钉工具，如图 4-17 所示。

Wire Size (AWG)	Contact Size	Crimp Tool				Code
		Basic Unit		Locator		
		Part Number	Setting	Part Number	Color	
24	2020	M22520/1-01	2	M22520/1-02	Red	B
		M22520/2-01	5	M22520/2-02	-	A
	1616	M22520/1-01	4	M22520/1-02	Blue	I
22	2020	M22520/1-01	3	M22520/1-02	Red	D
		M22520/2-01	6	M22520/2-02	-	C
	1616	M22520/1-01	5	M22520/1-02	Blue	J
20	2020	M22520/1-01	4	M22520/1-02	Red	F
		M22520/2-01	7	M22520/2-02	-	E
	1616	M22520/1-01	4	M22520/1-02	Blue	I
	1212	M22520/1-01	6	M22520/1-02	Yellow	M

图 4-17　压钉工具查询截图

具体施工程序可参照 SWPM 20-61-11 的 8. B. Contact Assembly 中的有关内容。

步骤 14：送钉工具和施工程序的查询。根据插钉的大小（20）和导向的外径（O. D.），在 SWPM 20-61-11 的 11. A. Contact Insertion）中选择一把送钉工具，如图 4-18 所示。具体施工程序可参照该章节的有关内容。

Contact Size	Wire O.D. (inch)	Basic Unit	Bit
2020	More than 0.06	294-88	-
		AT 1020	-
	Less than 0.06	ATB 1067	-
	-	DAK20	-
	Less than 0.06	DAK351	-
	More than 0.06	MS24256A20	-
		M81969/17-03	-
	Less than 0.06	RTM20-5	-
		RTPIT-085B	DAK602-2
	More than 0.06	RTPIT-085B	ST2220-2-1
	Less than 0.06	RTPIT-120B	DAK602-2
	More than 0.06	RTPIT-120B	ST2220-2-1
	Less than 0.06	ST2220-2	DAK602-2
	More than 0.06	ST2220-2	ST2220-2-1
	-	ZZL-R-9510-20	-

图 4-18 送钉工具查询截图

步骤 15：导线束的捆扎。根据步骤 2 查询的信息可知，该导线工作在高温区，可在 SWPM 20-10-11 的 5. A. Wire Harness Tie Materials 中选择温度等级为 D 的扎绳，如图 4-19 所示。

Temperature Grade	Class	Specification	Description
D	1	BMS13-54 Type II Finish C	Teflon coated fiberglass; flat braid; 0.100 inch ±0.010 inch wide, 0.016 inch ±0.003 inch thick
		BMS13-54 Type II Finish D/C	Teflon coated fiberglass; flat braid; 0.100 inch ±0.010 inch wide, 0.016 inch ±0.003 inch thick
		BMS13-54 Type III Finish C	Nomex, flat braid; 0.075 inch ±0.010 inch wide, 0.012 inch ±0.003 inch thick
			Nomex, flat braid; 0.110 inch ±0.010 inch wide, 0.014 inch ±0.003 inch thick
		MIL-T-43435 Type IV Finish D	Teflon coated fiberglass; flat braid; 0.110 inch ±0.010 inch wide, 0.016 inch ±0.003 inch thick
		MIL-T-43435 Type V Finish C	Nomex, flat braid; 0.110 inch ±0.010 inch wide, 0.014 inch ±0.003 inch thick

图 4-19 扎绳件号查询截图

根据导线所在的环境为非高振区，在 SWPM 20-10-11 的 5. B. Selection of a Wire Harness Tie Configuration 中选择普通丁香结，如图 4-20 所示。具体捆扎方法可参照

普通丁香结的相关内容。

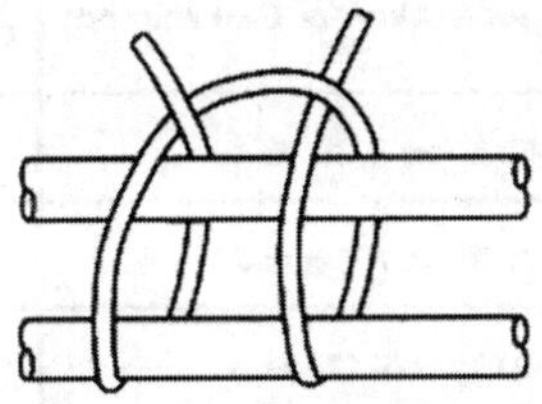

图 4-20　扎绳的构型查询截图

案例 2

如图 4-21 所示为 B737NG 左侧内部固定式着陆灯的 WDM 线路图。

（1）请正确运用飞机维修手册查询 W1662-1003-12、D39907、GD3906-ST 的相关信息。

（2）用接线管将 D39907 和导线连接起来。

（3）制作 GD3906-ST。

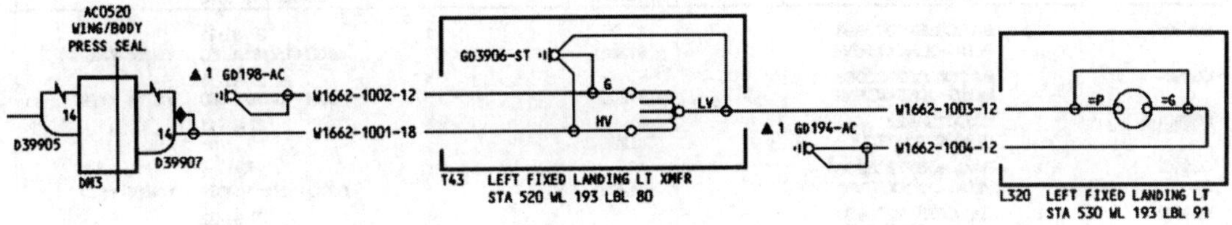

图 4-21　B737NG 左侧内部固定式着陆灯的 WDM 线路图

1. 查询 W1662-1003-12 的相关信息

由图可知，该灯的供电线路是屏蔽导线。

通过线束号 W1662-1003-12 查询 737NG 的 WDM WL，从中可以知道该导线的类型代码为 HE，终端代码为 GW，如图 4-22 所示。

Bundle No.	Part Number			Description			From				To				
Wire No.	GA	CO	TY	Fam	FT-IN	Diagram	Equip	Term	Type	Splice	Equip	Term	Type	Splice	Effectivity
W1662	286A1662			LEFT WING/BODY PRESSURE SEAL TO FRONT SPAR											
0019	18		HL		2-5	33-42-21	D15948	10			GD00824	ST..	GW		YN666-YN674, YS891-YT794, YT797
1001	18		HP	AA	6-1	33-42-11	D39907	14			T00043	HV	GW		YS761-YS762, YT796
1001Z				AA	0-0	33-42-11	D39907	S/R			GD03906	ST..	GW	*1	YS761-YS762, YT796
1002	12		HE	AB	2-2	33-42-11	T00043	G	GW		GD00198	AC..	N	*1	YS761-YS762, YT796
1002Z				AB	0-0	33-42-11	GD03906	ST..	GW	*1	GD00198	AC..	N	*1	YS761-YS762, YT796
1003	12		HE	AC	3-9	33-42-11	T00043	LV	GW		L00320	−P	GW		YS761-YS762, YT796

图 4-22　导线的类型代码和终端代码查询截图

根据导线类型代码 HE，在 SWPM 20-00-13 的 2. A. WIRE TYPE CODES 中查询该导线的件号，如图 4-23 所示。

Wire Type Code	7()7 Model Wiring Diagram Manual						Wire Specification or Part Number	Number of Conductors	Notes
	2	3	4	5	6	7			
HA	-	3	4	5	6	7	BMS 13-60 Type 7 Class 1	01	High Temperature, Do Not Solder AWG 24
HB	-	3	4	5	6	-	BMS 13-60 Type 7 Class 2	02	High Temperature, Do Not Solder AWG 24
HC	-	3	4	5	6	-	BMS 13-60 Type 7 Class 3	03	High Temperature, Do Not Solder AWG 24
HD	-	3	4	5	-	-	BMS 13-60 Type 7 Class 4	04	High Temperature, Do Not Solder AWG 24
HE	-	3	4	5	6	7	BMS 13-60 Type 8 Class 1	01	Nickel Plated Shield, High Temperature, Do Not Solder AWG 24

图 4-23 导线件号查询截图

由此可知，该导线的件号为 BMS13-60T08C01G012，是耐高温的双扭屏蔽线。

2. 查询 D39907 的相关信息

通过 WDM 的设备清单查询 D39907，可得到该插头的件号为 BACC63BP22C39P6，如图 4-24 所示。

Equip	Opt	Part Number Part Description	Used On Dwg Vendor	Qty	Diagram Station / WL / BL	Effectivity
D39901	1	BACC63BP22C39S8 PLUG-CONDUCTIVE	81205	1	27-81-11 500D+15/181/L060	YN666-YN674
D39901	1	BACC63BP22C39S8 PLUG-CONDUCTIVE	81205	1	27-81-11 500I+15/181/L060	YS761-YT797
D39901 T	1	BACC10KE22 CLAMP, 90 DEG	81205	1	27-81-11 */*/*	ALL
D39902	1	BACC63BP22C39S8 PLUG-CODUCTIVE	81205	1	27-81-21 500D+15/181/R059	YN666-YN674
D39902	1	BACC63BP22C39S8 PLUG-CODUCTIVE	81205	1	27-81-22 500I+15/181/R059	YS761-YT797
D39902 T	1	BACC10KF22 CLAMP, 45 DEG	81205	1	27-81-21 TBD/ /	ALL
D39903	1	BACC63BP22C39P8 PLUG-CONDUCTIVE	81205	1	27-81-12 IFSS-80/ /	ALL
D39903 T	1	BACC10KF22 CLAMP, 45 DEG	81205	1	27-81-12 */*/*	ALL
D39904	1	BACC63BP22C39P8 PLUG-CONDUCTIVE	81205	1	27-81-11 IFSS 79/ /	ALL
D39904 T	1	BACC10KF22 CLAMP, 45 DEG	81205	1	27-81-11 OFSS 79/ /	ALL
D39905	1	BACC63BP22C39S6 PLUG-CONDUCTIVE	81205	1	28-43-11 525/194/L067	ALL
D39905 T	1	BACC10KF22 CLAMP, 45 DEG	81205	1	28-43-11 */*/*	ALL
D39906	1	BACC63BP22C39S6 PLUG-CONDUCTIVE	81205	1	28-41-11 525/194/R067	ALL
D39906 T	1	BACC10KE22 CLAMP, 90 DEG	81205	1	28-41-11 */*/*	ALL
D39907	1	BACC63BP22C39P6 PLUG-CONDUCTIVE	81205	1	33-44-12 IFSS-93/ /	ALL

图 4-24 插头的件号查询截图

通过 SWPM 的 FRONT MATTER 的交叉索引目录可以查询到 BACC63BP（）插头的施工章节在 20-61-11，如图 4-25 所示。

BACC63BP(), CONNECTOR, BOEING 20-61-11

图 4-25 BACC63BP（）插头的施工章节查询截图

在 SWPM 20-61-11 的 5. A. Insert Configurations for MIL-C-26500 Type Connectors 中查询该插头的构型，包括 27 个 20 号公钉，12 个 16 号公钉，如图 4-26 所示。

Insert Configuration	Contact Cavity		Reference
	Count	Size	
22-32	26	20	Figure 69
	6	12	
22-39	27	20	Figure 69
	12	16	

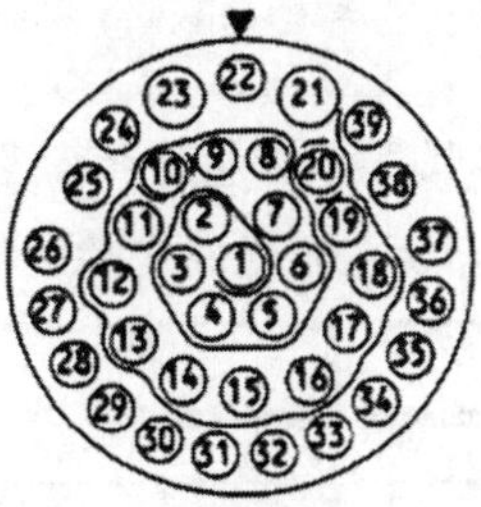

图 4-26　D39907 的插入构型查询截图

3. 查询 GD3906-ST 的相关信息

根据查到的导线终端（接线片）代码为 GW，在 WDM 的 FM 中查询该终端的信息为高温镍接线片、连接 10＃接地桩，合适的件号有 3 个（321894、322338、323750），可以任选其中一个，如图 4-27 所示。

TERM TYPE CODE	DESCRIPTION OF THE CODE	PART NUMBER
GW	Terminal Lug, Nickel, High Temperature, #10 Stud	321894, 322338 or 323750
GX	Install Copalum In-Line Splice	See SWPM

图 4-27　接地桩和接线片的信息查询截图

由于 321894、322338、323750 并非波音标准件，必须替代查询才能找到相应的标准件。下面以 323750 为例。

在 SWPM 20-30-11/ 1. I. AMP Solid Nickel High Temperature Terminal Lugs 中可以找到 323750 的波音替代件号为 BACT12AV33，如图 4-28 所示。

Specified Terminal Lug		Alternative Terminal Lug	
Part Number	Supplier	Part Number	Supplier
323750	Amp	BACT12AV33	Boeing
323751	Amp	BACT12AV34	Boeing

图 4-28　323750 的波音替代件查询截图

有关接线片的夹接程序请参照 SWPM 20-30-11 的 2. I. Assembly of BACT12AV and AMP Solid Nickel Terminal Lugs 的描述。

查询与插头连接导线 W1662-1001-18 的 CAU。在 SWPM 20-30-22 的 1. A. Circular Area Units of Conductors 中找到该导线的 CAU 为 19，如图 4-29 所示。

Wire Size (AWG)	Conductor		
	Type	Maximum O.D. (Inch)	CAU
20	Solid	0.032	12
	Stranded	0.038	12
18	Solid	0.040	19
	Stranded	0.046	19

图 4-29　导线的 CAU 查询截图

根据导线的使用环境（密封、非屏蔽、高温、非燃气区），在 SWPM 20-30- 12 的 1. C. Selection of a Sealed Splice Configuration 中查询该接线管的构型，如图 4-30 所示。

Maximum Temperature Grade	Number of Shields	Shield Conductor	Applicable Area	Splice Assembly	
				Configuration	Reference
D	1	Flat	No Fuel Vapor	Solder Sleeve Splice Kit	Paragraph 16.A.
		Round	Fuel Vapor	Mechanical Ferrule	Paragraph 11.A.
				Shield-Kon	Paragraph 13.A.
			No Fuel Vapor	Mechanical Ferrule	Paragraph 11.A.
				Shield-Kon	Paragraph 13.A.
				Solder Sleeve Splice Kit	Paragraph 16.A.
	2	Flat Inner, Round Outer	No Fuel Vapor	Solder Sleeve Splice Kit	Paragraph 16.A.
		Round Inner, Round Outer	Fuel Vapor	Mechanical Ferrule	Paragraph 11.A.
				Shield-Kon	Paragraph 13.A.
			No Fuel Vapor	Mechanical Ferrule	Paragraph 11.A.
				Shield-Kon	Paragraph 13.A.
				Solder Sleeve Splice Kit	Paragraph 16.A.

图 4-30　接线管的构型查询截图

根据导线的 CAU（19），在 SWPM 20-30-12 的 3. E. Sealed Splice Kits for Unshielded Wire and Unshielded Cable 中选择合适的接线管，如 D-436-37，如图 4-31 所示。

Sleeve		CAU Range		Part Number	Supplier
Maximum Number of Wires for the Seal of the End	Number of Holes in the Wire Seal	Minimum	Maximum		
2	1	3	15	M81824/1-1	QPL
				D-436-36	Raychem
		8	27	M81824/1-2	QPL
				D-436-37	Raychem

2	1	19	67	M81824/1-3	QPL
				D-436-38	Raychem
5	3	8	27	D-436-42	Raychem
		19	67	D-436-43	Raychem

图 4-31　接线管查询截图

在 SWPM 20-30-12 的 4. A. Conductor Splice Crimp Tools 中选择接线管的夹接工具为 46673，如图 4-32 所示。

Crimp Barrel Size	Crimp Tool	
	Basic Unit	Nest
22-18	46673	-
16-14	46988	-
	59294	-
12-10	59461	-

图 4-32　接线管的夹接工具查询截图

其夹接程序在 SWPM 20-30-12 的 8. C. One Wire to One Wire-Tape，Sleeve 中。接线管的夹接效果图如图 4-33 所示，具体内容请参阅手册。

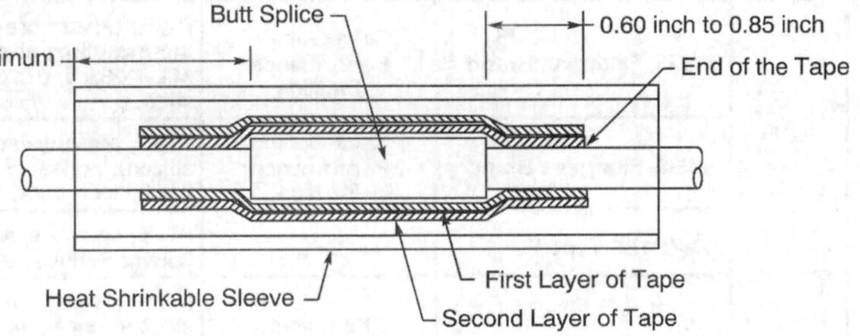

图 4-33　接线管的夹接效果图

该接线管是没有绝缘套管的，必须选用温度等级为 D 的胶带和热缩管。

在 SWPM 20-30-12 的 4. D. Hot Air Guns 中查找热风枪，如图 4-34 所示。

Type	Temperature Range (Degrees C)		Hot Air Gun			
			Basic Unit		Reflector	
	Minimum	Maximum	Part Number	Supplier	Part Number	Supplier
Standard Temperature	232	371	CV-5300	Raychem	MG-1	Raychem
	260	371	CV-5000 Model 500	Raychem	TG-135	Raychem
			CV-5000 Model 500B	Raychem	TG-135	Raychem
High Temperature	399	538	CV-5000 Model 750	Raychem	TG-33	Raychem
			CV-5000 Model 750B	Raychem	TG-33	Raychem

图 4-34　热风枪查询截图

在 SWPM 20-30-12 的 4. E. Splice Assembly Materials 中查找热缩管，如图 4-35 所示。

Temperature Grade	Part Number	Supplier
D	AMS-DTL-23053/12 Class 2	Available source
	AMS-DTL-23053/12 Class 3	Available source
	Penntube I	Pennsylvania Fluorocarbon
	Penntube II	Pennsylvania Fluorocarbon
	TFE 2 to 1	Zeus Industrial Products
	TFE 2X Standard Wall	Chemplast
	TFE 2X Standard Wall	Zeus Industrial Products
	TFE 4X Standard Wall	Chemplast
	TFE 4X Standard Wall	Zeus Industrial Products

图 4-35　热缩管查询截图

具体热缩程序请参照手册相关描述。

胶带的选择可根据 SWPM 20-00-11 的 2. R. Tapes，选用温度等级为 D 的即可，如图 4-36 所示。

Grade	Class	Part Number	Supplier	Description
D	2	2045-5, Fluorglas Brand	Saint-Gobain Performance Plastics	PTFE, skived, pressure sensitive thermosetting silicone adhesive per MIL-T-23594; 0.0065 inch thick, 1/2 inch wide
		2245-5, Fluorglas Brand	Saint-Gobain Performance Plastics	PTFE, pressure sensitive thermosetting silicone adhesive per MIL-T-23594; 0.0065 inch thick, 1/2 inch wide
		A-A-59474, Type I	QPL	PTFE, pressure sensitive, silicone polymer adhesive
		P-421	Permacel	PTFE, skived, pressure sensitive cured silicone adhesive per MIL-T-23594; 0.0065 inch thick, 1/2 inch wide
		P-440	Permacel	PTFE, glass supported, pressure sensitive cured silicone adhesive; 0.005 inch thick, 1/2 inch wide
		SG15-06	Saint-Gobain Performance Plastics	PTFE, glass supported; pressure sensitive silicone adhesive; 0.008 inch thick, 1/2 inch wide
		SG16-05	Saint-Gobain Performance Plastics	PTFE, glass supported; pressure sensitive silicone adhesive; 0.0075 inch thick, 1/2 inch wide
		SG26-03	Saint-Gobain Performance Plastics	PTFE, glass supported; pressure sensitive silicone adhesive; 0.005 inch thick, 1/2 inch wide

图 4-36　胶带的查询截图

有关插头和接地桩的制作程序，请参照前面各个项目中相关内容的描述，这里不再赘述。

参考文献

[1] 王志敏，陈明. 民用航空飞机标准线路施工［M］. 北京：中国水利水电出版社，2023.

[2] 乐乐，耿明涛. 民用航空飞机维修手册应用［M］. 北京：中国水利水电出版社，2021.

[3] 任仁良. 维修基本技能［M］. 北京：清华大学出版社，2010.